国家自然科学基金项目（61472051）资助
国家"十三五"科技重大专项（2016ZX05043、2016ZX05045、2016ZX05067）资助
国家重点研发计划项目（2018YFC0807805）资助

U0175306

区域煤矿安全风险预警和应急预案信息系统关键技术

郑万波　吴燕清　胡运兵　夏云霓　袁湘涛 等　著

气象出版社
China Meteorological Press

图书在版编目（CIP）数据

区域煤矿安全风险预警和应急预案信息系统关键技术/
郑万波等著. —— 北京：气象出版社，2020.4
ISBN 978-7-5029-7190-8

Ⅰ．①区… Ⅱ．①郑… Ⅲ．①煤矿—矿山安全—预警
系统②煤矿—矿山事故—应急对策 Ⅳ．①TD7

中国版本图书馆CIP数据核字(2020)第052869号

Quyu Meikuang Anquan Fengxian Yujing he Yingji Yu'an Xinxi Xitong Guanjian Jishu
区域煤矿安全风险预警和应急预案信息系统关键技术

出版发行：气象出版社
地　　址：北京市海淀区中关村南大街 46 号　　　邮政编码：100081
电　　话：010-68407112(总编室)　010-68408042(发行部)
网　　址：http://www.qxcbs.com　　　**E-mail**：qxcbs@cma.gov.cn
责任编辑：张盼娟　彭淑凡　　　　　　终　审：吴晓鹏
责任校对：张硕杰　　　　　　　　　　　责任技编：赵相宁
封面设计：博雅锦
印　　刷：北京建宏印刷有限公司
开　　本：787 mm×1092 mm　1/16　　　印　张：12.5
字　　数：320 千字
版　　次：2020 年 4 月第 1 版　　　　　印　次：2020 年 4 月第 1 次印刷
定　　价：45.00 元

本书编委会

主　　编：郑万波

副 主 编：吴燕清　　胡运兵　　夏云霓　　袁湘涛

参编人员：李先明　　康跃明　　雷长群　　李　论　　李开学

　　　　　杜荣桃　　王光进　　杨　溢　　冉啟华　　章晓余

　　　　　甘　林　　康厚清　　雷凯丽　　刘文奇　　李金海

　　　　　袁利伟　　杨晶晶　　赖祥威　　王元斗　　孙晓宁

　　　　　许洋铖　　梁庆华　　郭　燏　　孙海涛　　谭三泉

　　　　　杨　波　　许　晏　　方有令　　彭青蓝　　肖　旋

　　　　　刘常昊　　董银环　　史耀轩　　陈慧敏

前　言

根据《中华人民共和国突发事件应对法》和国家应急管理体系的"一案三制"(应急预案,应急管理机制、体制和法制)基本框架,我国开展了一系列的区域应急预案体系建设工作。目前,有效防灾减灾和防止重特大突发事故的意识进一步提升,国家及地方应急管理体系机构已经建立,应急管理工作实行专责统管,且更加注重事前准备和预控,而事故风险评估和应急预案管理在事故防控中处于核心地位。

风险评估是制定应急预案的基础,应急管理工作针对风险评估结果(尤其是重大风险源),制定切实可行的应急预案、防控措施,做好人员物资等方面的应急准备,一旦灾害事故发生,即行启动应急响应进行有序高效处置。当前,与突发事件应急预案及应急处置相配套的硬件和软科学体系初具规模。在突发事件应急处置基础硬件平台方面,行业内已经建立突发事件应急救援指挥体系基础平台的框架模型和单元化、标准化组织模式;在应急预案软科学体系方面,进行了应急预案的框架结构、组织生成、程序管理、应急演练和评价等方面的研究。

目前,应急预案具有以下现实需求:①法律法规的要求。为适应我国应急管理中预案管理的要求,国家安全生产监督管理总局在《生产经营单位生产安全事故应急预案编制导则》(GB/T 29639—2013)、《生产安全事故应急预案管理办法》(安监总局 17 号令)等系列标准法规的基础上,制定了《生产经营单位生产安全事故应急预案评估指南》(AQ/T 9011—2019)行业标准;同时,为适应新的应急管理和矿山救护的要求,制定了《矿山救护规程》。以这些国家和行业标准为依据,制定了省级区域煤矿应急预案管理和评估的相关规定,选择典型煤矿试点示范,再逐步在省级区域推广,最终推动了我国煤矿应急预案管理水平的提升。②技术手段创新需求。煤矿安全生产应急预案的评审遵循的是《生产安全事故应急预案管理办法》和《生产经营单位生产安全事故应急预案评估指南》,采用评审表(包括形式评审表、综合预案要素评审表、专项预案要素评审表、现场处置要素评审表、附件要素评审表)的方法,规范预案的编制、评审并促以改进,目前基本形成了规范性的文件范本。作为"一案三制"的龙头,应急预案的有效管理和持续改进将是应急管理成败的关键因素之一。

我国煤矿事故风险管理面临以下问题:①煤矿风险管理多局限于企业范围,缺乏省(自治区、直辖市)、区(县、旗)多级风险评估的理论和方法研究;②未抓住煤矿隐患排查治理、煤矿安全质量标准化体系和煤矿安全风险预控管理体系之间的内在联系,进行连续一体化研究;③省级区域煤矿事故风险采集、风险评估、三级危险源监测预警与更新、信息发布机制不完善。

对此,国内学者已提过一些企业级煤矿安全管理风险预控一体化体系的理论并应用于煤矿实践,与煤矿现有安全管理措施(煤矿隐患排查治理、煤矿安全质量标准化)形成一个完整的体系。2005 年,中国神华集团建立并推行的煤矿风险管理本安体系已经在整个集团公司广泛应用,无论是其技术还是管理模式均值得借鉴。从 2015 年开始,重庆市以煤矿事故风险防控管理工作为目的,开展煤矿事故风险评估工作。作者在参与过程中,开展了一系列省级区域煤矿事故多级多目标风险综合评估理论和方法研究工作。主要做法是以 10 类主要煤矿事故为分析对象,以《重庆市突发事件风险管理操作指南(试行)》的"六表一图"(风险信息采集表、损害后果计算表、发生可能性分析表、风险评估登记表、风险防控措施表、风险变化情况表和风险矩阵图）为核心框架，开展"煤矿事故风险采集"，绘制"煤矿事故风险矩阵图"，得出煤矿事故风险等级值，提出事故风险防控的管理措施、技术措施和应急准备，形成煤矿事故风险动态监测机制，为省级区域煤矿事故风险防控和应急管理探索一种适时有效的管理方法，力图为煤矿风险评估和应急管理提供一些有价值的参考。

作者以多年科研工作为基础，充分借鉴并吸收国内外大量同类论文、专著、标准及教材的最新理论成果，根据重庆市煤矿的特点，整合煤矿多类高危风险（瓦斯、顶板、运输、水害、机电、放炮、火灾、坠落、压力容器、粉尘等），并以此风险评估工作成果为基础，针对典型煤矿事故风险，开展基于文本预案、风险事故分析平台的数字预案体系建设工作，形成一个完整的应急准备知识体系，编写本书。

全书由昆明理工大学郑万波副研究员担任主编并统稿，重庆大学吴燕清研究员、夏云霓教授，中煤科工集团重庆研究院有限公司胡运兵研究员，重庆煤矿安全监察局救援指挥中心袁湘涛高级工程师担任副主编，重庆市人民政府应急管理办公室李伦处长、重庆工程职业技术学院李开学教授和重庆能投渝新能源有限公司天府中心杜荣桃高级工程师等人参与本书的编写工作。全书在编写过程中，参阅了国内外许多专家学者的论文、著作及教材，在此深表感谢。同时，重庆煤矿安全监察局救援指挥中心的谭三泉工程师、雷波工程师，重庆能投渝新能源有限公司天府中心（中梁山公司）的何大忠教授级高级工程师、袁文安高级工程师、李顺工程师、袁世华工程师，东林煤矿的王洪来工程师、童加伟工程师和甘林工程师，南桐煤矿的王光荣高级工程师、冯国军工程师、喻国兵工程师和廖思意工程师，红岩煤矿的郭正文工程师、邓德勇工程师、杨科工程师和陈国彦工程师等人参与了风险采集和风险评估报告的编制工作。特别感谢重庆能投渝新能源有限公司南桐管理中心矿山救护大队的唐永胜工程师，重庆能投渝新能源有限公司天府管理中心矿山救护大队的谢奎工程师和汤宏伟工程师，国家区域矿山应急救援重庆天府（安稳）队的穆安彬大队长、张小龙工程师和陈进钢工程师，以及重庆能投渝新能源有限公司永荣管理中心矿山救护大队的唐鉴工程师对应急救援指挥和应急预案演练方面提出的宝贵意见。特别感谢重庆大学胡千庭教授、中煤科工集团重庆研究院有限公司康厚清高级工程师、康跃明副研究员、雷凯丽工程师等课题组成员对撰写本书的贡献。特别感谢重庆天爱科技有限公司的冯仁俊总经理和深圳市科皓信息技术有限公司的谢咏松等工程师对数字预案经典案例的贡献；昆明理工大学数据科学与大数据技术专业的高焱程、陈家印、徐基豪、熊恬露、谢瑞麟、李汶熙、冯贤林、彭定康、赵昊坤、陈沛、肖敏、张凌霄、张泽旭、洪楷宣等同学参与本书的整理工作。本书是煤矿安全生产和科研与工程一线技术人员、专家学者长期工作积累的智慧结晶，希望能够为我国煤矿安全生产管理贡献一点力量。

昆明理工大学刘文奇教授、李金海教授、杨波博士、许晏博士在百忙之中对本书样稿进行审阅，提出了许多宝贵的修改意见和建议，使本书增色不少。本书的出版得到了国家"十三五"科技重大专项、国家自然科学基金项目、国家重点研发计划项目、重庆市社会事业与民生保障专项的资助，在此致以衷心感谢。尽管编者在本书的系统性、完整性及科学性等方面尽了最大努力，但由于学术水平及经验等方面的限制，书中难免存在不妥之处，恳请各位读者、行业专家和学者批评指正，联系作者邮箱：zwanbo@163.com。

郑万波

2019 年 8 月

目　录

1 绪 论

1.1 国内外突发事件应急管理与信息系统发展状况

突发事件应急管理系统本身就是一个信息系统,防灾、减灾、救灾等各个阶段的工作都是以信息为基础来开展的。本节介绍国内外突发事件应急管理发展历程和我国突发事件应急管理体系架构。

1.1.1 国内外突发事件应急管理发展历程

本节从全球、美国和中国突发事件应急管理发展历程进行概述,并进行比较研究。

(1)全球应急管理发展历程

应急管理是以政府设立专门的管理结构或明确原有相关机构的应急管理责任为开端的。以此为标准,可将全球应急管理的历史分为三个阶段(表 1-1)[1,2]。

表 1-1　全球应急管理发展阶段及特点

比较内容	前应急管理时期 (20 世纪 50 年代前)	应急管理规范期 (20 世纪 50—90 年代)	应急管理拓展期 (21 世纪以来)
应急管理概念	单项灾害管理	综合应急管理	国家应急管理体系
管理主体	临时性机构,政府临时参与	专门的应急管理综合协调机构	政府主导、全民参与
管理内容及特点	一事一管、一事一议; 专案处理	强调准备体系的平战结合; 提出全流程应急管理模式	涵盖各类突发事件的管理 体系;强调国土安全
管理手段	单行法律;临时的 行政行为	制定基本法;完备的管理 流程与制度	完善整个法律体系;建立 综合性国家事故反应计划
理论基础	——	命令—控制	可持续发展模式;适应性团队

(2)美国突发事件应急管理体系发展历程(表 1-2)

2011 年 3 月 30 日,美国发布总统政策 8 号令"国家应急准备"(PPD-8),希望美国通过对致灾因子的系统强化国家安全与恢复力,促进一个综合的、全国的、基于能力的国家应急准备方法的有效实施。PPD-8 将"国家应急准备"界定为采取应急规划、组织、装备、培训及演练系列行动,建立和维持必要的能力,从而针对引发国家安全巨大风险的威胁开展预防、保护、减除、响应和恢复活动。该体系有以下特点:①美国的"应急准备"贯穿应急管理的五大任务领域(预防、保护、减除、响应和恢复);②"应急准备"的核心工作是"能力建设",强调提升"应急准备能力";③"应急准备"的内涵已经从"计划、程序、政策、训练及必要的装备"等零散的部件深化为一个系统的流程,即包括预案编制、组织、装备、培训及演练的一系列行动;④"应急准备"的对象也由"严重事件"转向了"引发国家安全巨大风险的威胁"[3]。

表 1-2 美国应急管理体系的历史演变沿革[4,5]

年代	应急管理理念	应急管理特点	应急管理部门/颁发文件
1803—20 世纪初	专项管理	专案管理	专项法律
20 世纪 30—40 年代	系统化管理	民防与应急管理并存,建立综合性管理部门	国家应急管理委员会应急管理办公室
20 世纪 50—60 年代(冷战初期)	全国管理	以民防为主,强调准备体系的平战结合	1950 年《民防法》
20 世纪 70—80 年代	综合应急管理模式	提出综合应急管理范式(准备、应对、恢复和减灾)	国防民事整备署、联邦紧急事务管理局(FEMA);《减灾法案》《斯塔福德减灾和紧急救助法》
20 世纪 90 年代	可持续性发展模式	引入适应性团队、脆弱性等概念,扩展应急管理内涵	FEMA 重组与重新定位(减灾司)联邦响应计划(FRP)
21 世纪初—现在	强调国土安全	联邦及地方政府应急能力与资源重新配置,形成涵盖各类突发事件的应急管理体系,并配以综合性国家事故应急响应计划;正式确定全社会参与,明确全国准备工作战略,推动核心能力建设	国土安全部,《国家事故管理系统》(NIMS,2004 年)、《国家响应计划》(NRP,2004 年)、《国家应对框架》(NRF,2008 年)、《总统政策 8 号令》(2011 年)

(3)中国应急管理发展历程及矿山救护(表 1-3)

表 1-3 中国应急管理发展历程及矿山救护[6]

阶段	阶段特点	时间范围	典型案例及特点	矿山应急救援技术与装备
第一阶段	应急管理的非正常阶段	1949 年到 20 世纪 70 年代末	唐山大地震:全民运动式的救急,在极短时间高效动员一个地区和全国的力量应急	无论是否参加过应急培训,无论有没有佩戴应急救援装备,都积极投入应急救援;1953 年试制 AHG-4 型、AHG-2 氧气呼吸器,声能电话机
第二阶段	应急管理的萌芽阶段	20 世纪 70 年代末到 2003 年	主要以专项部门应急主导的灾害管理为研究对象;随着地震、水害加剧,在单项灾害、区域综合灾害以及灾害理论、减灾理论、减灾对策、灾害保险方面取得一些重要研究成果,缺乏应急管理的一般规律的综合研究	吸取之前的经验教训,引进国外的先进经验和技术,开始提出从应急救援到事故预防的应急救援理念;发布《矿山救护规程》(AQ 1008—2007),开始加强安全法制建设,整顿安全组织机构。投入大量资金进行技术改造,1986 年研制出 AHG-6 型氧气呼吸器;1987 年开始全国救援技术竞赛,以此促交流、提高和发展;1994 年开始引进国外先进装备;1997 年开始试制仿美国正压氧呼吸器和仿德国的储气囊式正压氧呼吸器、电能救灾电话

续表

阶段	阶段特点	时间范围	典型案例及特点	矿山应急救援技术与装备
第三阶段	应急管理研究的快速发展阶段	2003—2008年	2003年"非典"事件推动了我国应急管理的理论和实践的发展,前期是多元化研究的开端,后期进入应急管理研究的繁荣期,行政管理学科、社会科学、社会科学与自然科学交叉初现端倪,国家预案体系开始建立,同时事前准备体系,信息沟通,应急管理体制、机制、法制开始全面推进;出台《突发公共卫生事件应急条例》《国家突发公共事件总体应急预案》《重大动物疫情应急条例》等	开始系统化地建设国家应急救援体系。国家矿山应急救援指挥中心成立,开始整合全国矿山救护资源,并为建立的国家级基地配备先进的救援装备,开始建立"以人为本"的应急装备理念,单兵装备向综合装备发展;开展救灾机器人、有线救灾指挥通信系统、无线救灾指挥通信系统、视频通信系统和卫星通信系统、综合指挥通信系统、灾区气体监测仪器、车载矿山救灾指挥车、灾区环境无人侦测技术与装备、破拆和支持装备等专业救援设备;开始建立国家级应急指挥平台框架
第四阶段	应急管理质量的提升阶段	2008年至今	南方雪灾、拉萨"3·14"事件和汶川大地震等推动我国全面深入地开展应急管理的研究和总结,科研人力、物力、财力投入较大;各级基本预案和专项体系开始建立,建立《安全生产事故应急预案管理办法》等预案管理制度,事前准备,信息沟通,应急管理体制、机制、法制体系进一步完善	从立法角度整合各个行业和专业领域,建立国家一体化"大救援"格局。发展从应急救援到事故预防的应急救援理念,2010年3月王家岭事故透水事故应急救援逐步丰富完善了应急救援理念;2013年3月八宝煤矿事故后概念走向成熟。国家级应急指挥平台建立并投入使用,省部级平台逐步建立和完善,由综合处置装备向一体化智能决策指挥技术和装备发展;加强应急处置能力建设,更加注重应急装备决策与效能提升;开始改进正压氧呼吸器、人体负重助力行走机器人、透地通信技术、非进入和非接触式探测技术装备、大口径钻机等

1.1.2　我国突发事件应急管理体系架构

2013年11月,中国共产党十八届三中全会提出:设立国家安全委员会,完善国家安全体制和国家安全战略,确保国家安全。2014年12月全国人大常务委员会审议《国家安全法》草案。2015年5月,《国家安全法》草稿(第二稿)公开征求社会意见,国家安全属于公共安全范畴上升到国家层面的最高类别,同样也涵盖了自然灾害、事故灾难、公共卫生事件以及社会安全事件等应急管理突发事件类型。按照《国家突发公共事件总体应急预案》(2006年颁布)和《中华人民共和国突发事件应对法》(2007年颁布)的规定,我国突发事件的主要类型总结为表1-4(注:实际会根据国家机构改革调整相应的协调机构)。

表 1-4 我国突发事件应急管理体系架构[7-9]

类型	主管部门	国家协调机构	主要范围	应急预案	法律体系
自然灾害	水利部(牵头);民政部(牵头);中国气象局 中国地震局(牵头);国土资源部;国家林业局	国家减灾委、国家防汛抗旱总指挥部、国家森林防火总指挥	水旱灾害、气象灾害、地震灾害、地质灾害、海洋灾害、生物灾害和森林草原火灾	国家自然灾害救助应急预案;国家地震应急预案;国家防汛抗旱应急预案;国家突发地质灾害应急预案;国家处置重、特大森林火灾应急预案;	《气象法》《防洪法》《防震救灾法》《军队参加抢险救灾条例》《汶川地震灾害恢复重建条例》《公益事业捐赠法》
事故灾难	安监总局(牵头);交通运输部(国家铁路局);住房和城乡建设部;电监会	国家安全生产委员会、国家核事故应急协调委员会	工矿商贸等企业的各类安全事故,交通运输事故,公共设施和设备事故,环境污染和生态破坏事件等	国家核应急预案;国家突发环境事件应急预案;国家通信保障应急预案;国家处置城市地铁事故灾害应急预案;国家处置电网大面积停电事故应急预案	《安全生产法》《消防法》《煤炭法》《国务院管理预防煤矿安全生产事故的特别规定》《煤矿安全监查条例》
公共卫生事件	卫生部(牵头);农业部	国务院防艾工作委员会、全国防治"非典"指挥部,全国爱国卫生运动委员会、国务院产品质量与食品安全领导小组,全国防治高致病性禽流感指挥部,国务院血吸虫病防治工作领导小组	传染病疫情,群体不明原因疾病,食品安全和职业危害,动物疫情,以及其他严重影响公众健康和生命安全的事件	国家突发公共卫生事件应急预案;国家重大食品安全事故应急预案;国家重大动物疫情应急预案;国家突发公共事件医疗卫生救援应急预案	《突发公共卫生事件应急条例》《传染病防治法》《动物防疫法》《食品卫生法》
社会安全事件	公安部(牵头);中国人民银行;国务院新闻办;国家粮食局;外交部	中央社会治安综合治理委员会、中央维护稳定工作领导小组	群体事件,恐怖袭击事件,经济安全事件和涉外突发事件等	国家粮食应急预案;国家金融突发事件应急预案;国家涉外突发事件应急预案;	《国家安全法》《中国人民银行法》《民族区域自治法》《戒严法》《行政区域边界争议处理条例》

※《突发公共事件应对法》（跨越应急预案与法律体系之间的竖排列）

1.2 安全生产事故风险评估

根据《中华人民共和国突发事件应对法》和我国应急管理体系"一案三制"的基本框架[10],我国开展了一系列的区域多级风险评估体系建设的研究工作,如毛锐等[11]提出一种省地县一体化调度安全生产保障能力评估系统;刘颖等[12]提出一种区域多级模糊评估模型;汤童等[13]提出一种国家、省部级部署的一体化重大自然灾害应急评估系统;要瑞璞等[14]提出一种专家评价法和 AHP 法相结合的方法,采用 4 种不同的评价模型对多层次、多指标的问题进行评判。董军等[15]提出一种"逐层纵横向"拉开档次法确定多层次系统在不同时刻的评价值。

在煤炭行业,国内学者开展了一些企业级煤矿安全管理风险预控一体化体系的理论[16,17]

和实践[18,19],并与煤矿现有安全管理措施(煤矿隐患排查治理、煤矿安全质量标准化)形成一个完整的体系[20-22]。国内开展各种煤矿事故灾害的评价工作[21-24],其中的煤矿安全风险预控体系在神东公司运行最好,其他已引用该体系的如河南省省属煤矿、国投集团、华能集团等单位,主要是引用其第一环节,即危险源辨识和风险评估,安全管理以安全质量标准化为主。我国煤矿事故风险管理须加强以下研究:①煤矿风险管理多局限于企业范围,缺乏省(自治区、直辖市)、市(区、县)和县(镇、乡)三级风险评估的理论和方法研究,缺乏省级区域多级一体化风险管理研究;②针对煤矿隐患排查治理、煤矿安全质量标准化体系和煤矿安全风险预控管理体系之间的内在联系,进行连续一体化研究;③省级区域煤矿事故风险采集、风险评估、三级危险源监测预警与更新、信息发布机制研究;④省级区域煤矿风险预控体系管理标准、技术措施、管理措施和应急准备,煤矿事故风险管理评价报告编制研究。

1.3 安全生产事故应急预案

近年来,我国开始强调要编织全方位、立体化的公共安全网,国家"大安全"的战略规划,促使各个行业领域的应急平台逐步融合,向标准化、规模化、一元化和智能化方向发展。我国应急管理起步晚,以"一案"促"三制",预案是龙头,包括应急管理各环节的内容。同时,世界各国逐步建立关于标准化应急管理体系(SEMS)的相关研究,并在部分国家逐步推行实施突发事件应急标准方法,并结合本国实际构建适用于本国的突发事件应急救援指挥体系[25]。

1.3.1 突发事件应急管理与应急预案(计划)

国际上,美国是较早使用应急预案的国家。1967年,美国开始统一使用"911"报警救助电话号码。20世纪70年代,美国地方政府、企业、社区等开始大量编制应急预案[26]。1968年,美国通过了第一个国家应急计划,建立国家反应系统,对油品和危险物质泄漏的紧急事故提供援助、支持和协调[27,28],开始事故应急救援体系研究与建设工作[29,30]。1980年,美国开始将重大事故应急指挥系统(ICS)用于各种事故现场处理上,成为美国国家事故管理系统(NIMS)的重要组成部分[31]。1992年,美国发布《联邦应急预案》(federal response plan);1982年,欧盟颁布《重大工业事故危险法令》;1984年,英国颁布《重大工业事故预防控制规程》;1991年,加拿大颁布《工业应急计划标准》《应急计划指南》[26];2001年,美国政府在"9·11"事件后,对应急管理体制进行了全面的变革,成立了规模庞大的、具有全面应急职能的国土安全部,美国联邦应急署(FEMA)并入其中[32]。2004年,美国发布了"国家事故管理系统"[33]和"国家应急计划"[34]。2008年1月,美国对"国家应急计划"进行了全面的改进和完善,发布"国家应急框架"[35];美国至今仍采用2008版的NIMS,用来管理几乎所有的事故,其范围已经延伸到周边国家,为事故响应者、管理者和指挥官员提供培训[36-38]。

在国内,20世纪80年代末,国家地震局在重点危险区域开展了地震应急预案的编制工作,1991年完成《国内破坏性地震应急反应预案》编制,并于1996年颁布《国家破坏性地震应急预案》;同年,国防科工委牵头编制了《国家核应急计划》;2001年,上海市编制了《上海市灾害事故紧急处置总体预案》[26];2003年"非典"疫情以来,国务院办公厅成立应急预案工作小组;2004年4月6日,国务院办公厅印发的《国务院有关部门和单位制定和修订突发事件应急预案框架指南》和《省(区、市)人民政府突发公共事件总体应急预案框架指南》成为我国应急总体预案体系的编制纲领[10],按照"横向到边、纵向到底"的原则,各级地方政府及部门编制了总体预案、专项预案和部门预案[9]。由此,国家行政应急管理体系大轮廓开始清晰起来,由"一案三制"组成,是国家和地区应急管理体系的核心内容之一。我国于 2006 年 1 月 8 日颁布《国家突发事件总体应急预案》(中国处理突发事件的总纲),同时还编制了若干专项预案和部门预案。截至 2007 年年初,全国各地区、各部门、各基层单位共编制的各类应急预案超过 150 万个。

典型发达国家的应急管理体系的"一案三制"比较如表 1-5 所示。

表 1-5 典型发达国家的应急管理体系的"一案三制"比较[9,10,39-45]

一案三制	美国	日本	俄罗斯	澳大利亚
体制	行政首长领导,中央协调,地方负责;总统授权的联邦政府层管理机构,下设国土安全部及派出机构、联邦应急署(FEMA)、国家应急管理协会、州政府应急管理办公室、地方政府应急管理机构	行政首脑指挥,综合机构协调联络,中央会议制定对策,地方政府具体实施,采用一元化防灾体制	行政首脑为核心,联席会议为平台,相应部门为主力;以政府总理为首的政府层级单位"UEPRSS",总统为民防领导,民防危机处理负责单位俄罗斯紧急状况部"EMERCOM",UEPRSS 的大区域由 7 个"EMERCOM"组成	联邦政府,国家应急管理委员会,联邦政府应急管理组织和州应急或灾害管理组织。1974 年成立隶属国防部的自然灾害组织 NDO,1993 年改名为澳大利亚应急管理中心,2001 年划归联邦司法部
机制	统一管理,属地为主,分级响应,标准运行。超过州承灾能力时,州长依法请求总统宣告为灾区或紧急事件,总统依据初步危害评估,依福斯坦法宣告灾区或紧急事件,联邦协调官和州协调官执行灾害营救资源支持的分配	全政府模式的危机管理,建立跨区域的防灾救灾机制,基本确立消防、警察和自卫队合作机制;平时内阁总理大臣召集制定基本业务计划,地方首长召集相关人士制订地方方案计划;灾时中央成立"非常灾害对策本部",地方设置"灾害对策本部"对口机关,并执行对应业务计划	"大总统""大安全",联邦安全会议,联合应急;公共危机管理中枢指挥系统注重强权集中;具备完备的立法体系;立体联动、全员采集	(1)四个概念:全灾害方法、综合的方法、所有机构的方法、充分准备的社区。(2)六个原则:适当的组织机构,指挥和控制,支援的协调,信息管理,及时启动,有效的灾害应急方案。1995 年颁布风险管理国家标准,以风险管理为基本方式的灾害管理模式
法制	1947 年《国家安全法》;1950 年通过《灾害救助法》与《联邦民防法》;1976 年《紧急状态管理法》;1988 年通过《罗伯特·斯坦福救灾与应急救助法》,经过不断完善成为基本法;2002 年《国土安全法》;2004 年《国家应急反应计划》;2008 年《国家响应框架》	1946 年《灾害救助法》(核心);1952 年《非常灾害对策法要纲》《非常金融公库法要纲》;1961 年《灾害对策基本法》;1973 年《灾害慰抚金给付》;1978 年《大规模地震对策特别措施法》;1995 年《地震防灾对策特别措施法》;1999 年《原子能灾害特别措施法》	1992 年《安全法》;1994 年《联邦应急法》(根本法)。特例法包括:1991 年《治安法》《应急保护法》;1994 年《紧急救护措施与救护者权利法》;1995 年《事故救援机构和救援人员地位法》;1997 年《工业危险生产安全法》;1999 年《公民公共卫生和流行病医疗保护法案》;2002 年《紧急状态法》等	以宪法为基本依据,国家制定联邦政府应急管理政策,州根据独立的立法权制定适合本州的组织体系和管理职责
应急预案	1992 年《联邦应急响应计划》;2004 年发布《国家紧急响应计划》《国家应急反应框架》	防灾基本计划,防灾业务计划,地区防灾计划,指定地区防灾计划	—	—

可见,各国均陆续建立了一个覆盖各个行业、各个领域的突发事件应急预案体系,并逐步向一体化、数字化、信息化和智能化方向发展。

1.3.2 突发事件应急预案体系和数字化预案

在国外,一些大型企业率先开始尝试了数字化预案技术的研究。目前国外数字化预案技术已经广泛应用于军事、能源、公共卫生、工业制造及农业生产等领域。国外较为典型的数字化应急预案项目有美国萨瓦纳沿海区数字应急预案系统、美国俄亥俄州油气田应急响应系统、英国特茅斯港口应急计划与管理系统、委内瑞拉地震风险应急计划系统、沙特 Uthmainyah 天然气加工厂应急响应计划系统等[46-48]。

在国内,我国政府和企业已经形成了较为完备的"横向到边、纵向到底"的应急预案体系。在突发事件应对过程中,人们逐渐认识到文本应急预案存在的不足,开始积极探索运用计算机信息技术、网络技术、仿真模拟技术等现代科技手段提升应急预案功能的技术方法,由此产生了数字化应急预案的概念[49]。丛沛桐等[50]在 Mikebasin 数字平台上构建了乳源县轻度干旱、中度干旱、严重干旱和特大干旱 4 种抗旱预案,提出了可视化、数字化和最优化的抗旱预案编制技术体系和方法。付朝阳等[51]分析了环境应急管理的基本构成,认为应该包括数据中心及数据交换平台、预测预警系统、数字预案系统、决策支持系统、指挥调度系统、现场处置和反馈系统、灾后评估系统和培训演练系统等要素。孙颖等[52]提出一种 ArcGIS 桌面应用程序 Arc-Map 和其平台 ArcObjects 组件,实现了消防灭火数字预案系统中的应急工具箱的制作方案。肖琨等[53]提出了一种消防灭火数字预案系统的关键技术,即组件式 GIS、火灾模型与 GIS 集成和模型的 GIS 表达,实现了火灾接警定位、火灾模拟与评估以及应急处置等功能。陈本荣等[54]论述了公共安全应急平台数字预案查询系统的建设,提出了基于 J2EE 的数字预案查询系统建设方案,设计了该数字预案查询系统的界面。袁宏永等[55]提出数字预案系统的定义、5种功能,其结构由 6 部分组成。2008 年北京奥运场馆消防灭火预案是国内首例采用数字预案技术的预案。该系统基于三维仿真技术搭建了北京奥运场馆的三维场景,具备三维场景传输、预案上传下载管理及网上演练等功能。郝吉明院士[56]提出一种按照应急处理技术收集、应急信息资源目录建立、应急信息管理与发布的流程来建立的工业集群区环境应急数字预案系统。徐娟等[57]提出一种基于责任矩阵的分析方法 RMA(responsibility matrix analysis),采用 B/S(浏览器/服务器)架构,设计开发了数字预案的一致性评价系统。陈小龙[58]分析了防汛预案的重要性及现有纸质预案在具体应用中的不足,实现具体功能设计,为防汛预案的应用提供了先进手段。刘林[59]提出一种实战性消防应急预案信息系统,包含三部分功能模块。该系统将应急预案从静态文档管理向数字化管理推进。张峰等[60]提出根据数字预案,在应急处置流程构造过程中为用户推荐应急响应级别和应急活动,形成一种以用户为中心、预案辅助决策的应急处置流程构造方法。潘明等[61]提出一种平台,主要技术特点包括应急通信网络、地理信息系统、数据库和综合应用系统,实现了农业突发事件应急预案和相关资源的数字化管理,并在演练中改进。罗宇恒等[62]提出以国家应急预案框架指南为依据,对文本预案进行有效分解,利用规则推理和案例推理,对预案的匹配和生成的方法进行研究和设计,并应用于应急平台的构建,实现预案的有效存储和生成。雷兰兰[63]认为,在数字预案编制过程中需要考虑编制对象的基本情况、灭火救援作战经验等因素,特别是需要运用火灾科学技术对编制对象的火灾危险程度进行分析,以确保数字预案的科学性和有效性。

目前,我国企业在数字预案方面的研究工作处于起步阶段,今后数字化预案技术的发展将会朝着高度智能化和实时化方向发展。高度智能化的意义在于为应急实战提供准备、高效的决策支持。煤矿现在大多以文本预案为主,尚无数字预案相关报道。

1.3.3　煤矿风险管理和应急预案评估

煤矿安全生产风险管理中所指的"风险",是指引发煤矿事故并造成影响和危害的可能性。主要包括两个要素:一是导致某种事故发生的概率,二是导致该事故发生后可能产生的损害后果,两者共同决定了风险的危险程度。风险与隐患的区别:风险往往是可能存在的危险,隐患往往是已经存在但尚未导致损害后果的危险。隐患是一种风险,但风险不等同于隐患,风险的范畴比隐患更广,当风险达到一定程度时可能演变为隐患,甚至直接引发事故。

风险管理为应急预案编制和评估的基础之一。2005年开始,中国神华集团建立并推行的煤矿风险管理本安体系已经在整个集团公司广泛应用,无论是技术还是管理模式已经趋于成熟,均值得借鉴。2015年,重庆市煤矿在开展事故风险评估工作的过程中,以煤矿事故风险管理工作为目的需求,以8类主要煤矿事故为分析对象,以《重庆市突发事件风险管理操作指南(试行)》的"六表一图"为核心框架,开展"煤矿事故风险采集"、绘制"煤矿事故风险矩阵图",得出煤矿事故风险等级值,提出风险的管理标准、技术措施、管理措施和应急准备,形成动态煤矿事故风险动态监测机制,为省级区域煤矿事故风险管理提供一种示范案例[64,65]。

同时,与突发事件应急预案及应急处置相配套的硬件和软科学体系初具规模,在突发事件应急处置基础硬件平台方面,各行业已经开展突发事件应急救援指挥体系基础平台的框架模型[66-69]和单元化、标准化组织模式[70,71];在应急预案软科学体系方面,进行了应急预案的框架结构[72-74]、生成[75,76]、管理[77,78]、演练和评价[79-81]研究。

目前煤矿风险管理工作把应急管理的关口前移,更加注重应急准备环节,而作为"一案三制"的龙头,应急预案的有效管理和持续改进将是应急管理成败的关键因素之一。

1.4　煤矿安全生产事故风险预控平台

煤矿安全生产事故风险预控平台主要体现在三个层次:①硬件技术:核心技术在于复杂环境灾情信息侦测、井下与地面通信、区域联动平台等;②软件技术:预案库、模型库、知识库、案例库等,一体化决策支持软件,信息、人员、物资调度;③应急管理:一案三制,时间维、空间维和信息管理联动机制。我国应急平台建设目前"重硬件,轻软件",管理强、机制弱,以应急平台指挥决策为需求,通过软硬件系统集成,应急管理通过一些标准化"情景-应对"模式运行,并演练磨合和持续改进。在安全生产领域,2005年,中国安科院的郑双忠、刘铁民等[82,83]系统地介绍了美国的ICS体系。我国在突发事件应急救援过程中较国外发达国家相比表现出不足,应急救援方面的理论研究还有待进一步深入,解决这一系列问题必须建立健全突发事件应急体系并建立一套标准化应急救援的运行机制。2007年,刘铁民等[83]提出,事故应急指挥模型可以分为单一、区域、联合三种应急指挥类型。国内学者建立了地面突发事件应急处置系统的框架结构模型[84-87]。2015年,郑万波等[38]借鉴美国突发事件现场指挥体系(ICS)技术构架构建原理,结合我国矿山应急指挥通信系统外部因素和内部技术因素框架模型,吸收国内非煤领域的应急指挥体系的构架和元素,提出一种矿山事故应急指挥通信平台总体技术框架模型。

按美国ICS体系设计原则,结合体系工程逻辑结构的构建理论和方法[88],我国应急管理信息平台发展分为三个阶段,如表1-6所示。2015年,郑万波等[69]对矿山应急指挥平台体系进行分层,在横向上,以 ICS 体系构建为基本框架,增加管理幅度;在纵向上,增加管理单元的层次。遵循"自顶向下"定性与"自底向上"定量分析和综合集成,采用宏观体系工程和微观 ICS 体系框架结合的方法,从 4 个基本层次的 6 个方面构建了一种矿山应急指挥平台体系层次模型,构建柔性化的应急管理体系。

表 1-6 我国应急管理信息平台发展的三个阶段[85]

阶段	时间范围	特点及典型案例
第一代	1986—2008 年	为单警种应急指挥系统。以消防 119 ERS 为例,指挥调度中心值守人员受理报警特服号码(如 110、119、120)后,调度应急力量进行处置,并根据现场及实力实态进行调度,多次循环至处置结束
第二代	2001—2008 年	三台合一/应急联动系统。三台合一(IERS)就是 110、119、122 报警服务台三台合一,实现统一接警、异地分专业处警。应急联动系统(CERS)是综合各种城市应急服务资源,采用统一的号码,用于公众报告紧急事件和紧急救助,加强了不同警种与联动单位之间的配合与协调,从而对特殊、突发、应急和重要事件作出有序、快速而高效的反应
第三代	2005 年至今	应急信息平台体系 IEMS,涵盖各类突发事件应急管理全过程(检测监控、预测预警、应急准备/计划/决策/指挥/处置/支持、恢复重建分析)的"集成系统的集成"(system of systems)。集成系统的集成是指以通信和计算系统为依托,将某一地域范围内跨越多个管理域、具有不同体系结构的各种信息系统综合集成为具有单一体系结构的系统聚合。具有"多级(国家、省、市、地、县等)、两维(政府与各专业委办局)、一主线(政府应急办)"的结构,实现横向到边、纵向到底,上联上级政府、下接委办局及下级政府、横通联动机构。

1.5 本书内容架构

本书共分 16 章,架构如图 1-1 所示。

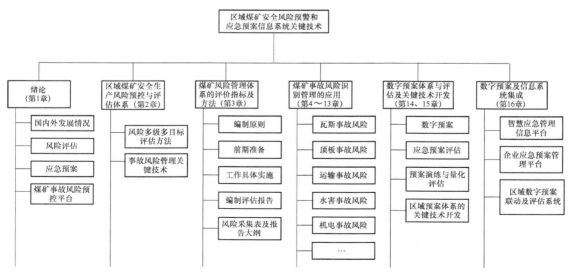

图 1-1 本书研究内容架构

（1）第1章，绪论。介绍国内外突发事件应急管理与信息系统发展状况、安全生产事故风险评估、安全生产事故应急预案（突发事件应急管理与应急预案（计划），突发事件应急预案体系和数字化预案，煤矿风险管理和应急预案评估）、煤矿安全生产事故风险预控平台，并对本书内容架构进行描述。

（2）第2章，区域煤矿安全生产风险预控与评估体系。介绍煤矿事故风险多级多目标综合评估方法研究、重庆市煤矿安全生产事故风险管理关键技术研究（煤矿事故风险管理关键技术问题，煤矿事故风险识别）。

（3）第3章，煤矿企业安全生产事故风险管理体系的评价指标及方法。介绍编制原则、前期准备、风险识别工作具体实施（计算风险损害后果，分析风险事故可能性，填写"可能性分析表"，绘制"风险矩阵图"）、评估报告编制、煤矿事故风险采集表和煤矿企业安全生产风险评估报告编制大纲。

（4）第4～13章，煤矿生产安全事故风险识别管理的应用。通过对矿井的典型事故（瓦斯、顶板、运输、水害、机电、放炮、火灾、坠落、压力容器和粉尘事故）风险开展评估应用，为煤矿安全生产风险管理人员提供一个典型参考案例。

（5）第14章，煤矿安全生产事故数字预案体系与评估。介绍煤矿生产安全事故数字预案联动与评估概述、关键技术问题及实现、矿山事故灾难应急预案评估、矿山事故灾难应急预案演练模式和绩效量化评估探讨。

（6）第15章，省级区域多级预案体系关键技术开发。介绍项目需求、技术开发方案、应急信息资源配置、推广应用方案、矿山事故灾难应急处置工作流调度和服务组合演练测试。

（7）第16章，智慧应急信息平台数字预案系统集成。介绍智慧应急管理信息平台功能描述（应急管理部分、预案编制、预案评审管理、预案报备管理、预案修订管理、预案演练管理、预案统计管理）、企业应急预案管理平台案例、省级区域数字预案联动评估信息系统案例。

参考文献

[1] 闪淳昌,周玲,方曼.美国应急管理机制建设的发展过程及对我国的启示[J].中国行政管理,2010(8): 100-105.

[2] 薛澜,彭龙,陶鹏.国家安全委员会制度的国家比较及其对我国的启示[J].中国行政管理,2015(1): 146-151.

[3] 吴晓涛.美国突发事件应急准备理念的新特点及启示[J].灾害学,2014,29(2):123-127.

[4] 游志斌,薛澜.美国应急管理体系重构新趋向:全国准备与核心能力[J].国家行政学院学报,2015(3): 118-122.

[5] 吴晓涛,申琛,吴丽萍.美国突发事件应急准备体系发展战略演变研究[J].河南理工大学学报(社会科学版),2015,16(3):307-312.

[6] 高广伟.理念与装备——打造"以人为本"的应急救援装备[C].安全生产应急管理理论创新论文集,2016: 208-212.

[7] 闪淳昌,薛澜.应急管理概论——理论与实践[M].北京:高等教育出版社,2012.

[8] 闪淳昌.应急管理:中国特色的运行模式与实践[M].北京:北京师范大学出版社,2011.

[9] 张海波.当前应急管理体系改革的关键议题——兼中美两国应急管理经验的比较[J].甘肃行政学院学报,2009(1):55-59.

[10] 江田汉,邓云峰,李湖生,等.基于风险的突发事件应急准备能力评估方法[J].中国安全生产科学技术,

2011,7(7):35-41.

[11] 毛锐,张毅,何明,等.省地县一体化调度安全生产保障能力评估系统建设[J].四川电力技术,2010,33(6):23-25.

[12] 刘颖,尹华川,阳岁红.区域制造业信息化工程多级模糊评估模型分析[J].重庆大学学报,2009,31(11):1251-1256.

[13] 汤童,范一大,杨思全,等.重大自然灾害应急监测与评估应用示范系统的设计与实现[J].国土资源遥感,2014,25(3):175-181.

[14] 要瑞璞,沈惠璋,刘铎.多层次系统的综合评价方法研究[J].系统工程与电子技术,2005,27(4):656-658.

[15] 董军,国方媛.多层次系统的动态评价研究[J].运筹与管理,2011,20(5):176-184.

[16] 林光侨,王颜亮.煤矿风险预控本质安全管理体系建设与应用[J].煤炭工程,2013(8):135-138.

[17] 孟现飞,宋学峰,张炎治.煤矿风险预控连续统一体理论研究[J].中国安全科学学报,2011,21(8):90-94.

[18] 任占昌.风险预控管理在保德煤矿的应用[J].煤矿安全,2014,45(8):234-236.

[19] 罗建军.神华集团上湾煤矿风险预控管理体系的建设与应用[J].煤炭经济研究,2009(10):100-102.

[20] 梁子荣,辛广龙,井健.煤矿隐患排查治理、煤矿安全质量标准化与煤矿安全风险预控管理体系三项工作关系探讨[J].煤矿安全,2015,41(7):116-117.

[21] 赵振海.煤矿安全风险预控管理体系与质量标准化体系比较探究[J].中国煤炭,2014,40(4):118-121.

[22] 李光荣,杨锦绣,刘文玲,等.2种煤矿安全管理体系比较与一体化建设途径探讨[J].中国安全科学学报,2014,24(4):117-122.

[23] 郝贵,刘海滨,张光德.煤矿安全风险预控管理体系[M].北京:煤炭工业出版社,2012.

[24] 鹿广利,熊鹏程.煤田火灾风险评估指标分析[J].矿业安全与环保,2015,42(6):105-107.

[25] 洪毅.构建全方位立体化的公共安全网[J].中国应急管理,2016(1):59-60.

[26] 陈安,陈宁,倪慧荟,等.现代应急管理理论和方法[M].北京:科学出版社,2009.

[27] 王曦,胡苑.美国国家应急计划概述[J].环境保护,2007(Z1):82-85.

[28] National Response Team. National oil and hazardous substances pollution contingency plan(NCP)overview[EB/OL].[2016-06-07].http://www2.epa.gov/emergency-response/national-oil-and-hazardous-substances-pollution-contingency-plan-ncp-overview.

[29] 师立晨,曾明荣,魏利军.事故应急救援指挥中心组织架构和运行机制探讨[J].安全与环境学报,2005,5(2):115-118.

[30] 王星.非常规突发事件现场应急指挥信息通信体系研究[D].南京:南京邮电大学,2013:1-5.

[31] 杨春生.对国内突发事件现场指挥系统的探讨[J].中国应急救援,2008(2):18-20.

[32] MOYNIHAN D P. The network governance of crisis response:case studies of Incident command systems[J]. Journal of Public Administration Research and Theory,2009,19:895-915.

[33] U. S. Department of Homeland Security. National Incident Management System[R]. 2004.

[34] U. S. Department of Homeland Security. National Response Plan[R]. 2004.

[35] U. S. Department of Homeland Security. National Response Framework[R]. 2008.

[36] Federal Emergency Management Agency. National preparedness goal(First Edition)[EB/OL].[2017-02-07].http://www.fema.gov/ national-preparedness-goal.

[37] Federal Emergency Management Agency. National incident management sytem[EB/OL].[2017-02-07].http://www.fema.gov/pdf/ emergency/ nims/NIMS_core.pdf.

[38] 郑万波,吴燕清,李平,等.ICS架构下的矿山应急指挥通信系统层次模型[J].山东科技大学学报(自然科学版),2015,34(2):86-94.

[39] 游志斌.当代国际救灾体系比较研究[D].北京:中共中央党校,2006.

[40] 姚国章.典型国家突发公共事件应急管理体系及其借鉴[J].南京审计学院学报,2006,3(2):5-10.

[41] 郭跃.澳大利亚灾害管理的特征及其启示[J].重庆师范大学学报(自然科学版),2005,22(4):53-57.

［42］黎昕,王晓雯.国外突发事件应急管理模式的比较与启示——以美、日、俄为例［J］.福建行政学院学报,2010(5):17-21.

［43］徐恬恬,张军波.国外应急管理体系的启示与借鉴［J］.检察风云,2012(3):112-114.

［44］姚国章.日本灾害管理体系:研究与借鉴［M］.北京:北京大学出版社,2009.

［45］范维澄,翁文国,吴刚,等.国家安全管理中的基础科学问题［J］.中国科学基金,2015(6):436-443.

［46］梁大勇,李峰,张超.中国石油数字化应急预案系统总体设计［J］.油气田环境保护,2013,23(6):82-84.

［47］姚磊.铁路应急预案的数字化技术［D］.北京:清华大学,2012.

［48］张超,裴玉起,邱华.国内外数字化应急预案技术发展现状与趋势［J］.中国安全生产科学技术,2016,6(5):154-158.

［49］张磊,张来斌,梁伟,等.数字化技术在企业应急管理中的应用［J］.油气田环境保护,2015(4):69-72.

［50］丛沛桐,马克俊,李艳,等.基于 Mikebasin 平台的抗旱预案编制技术［J］.广东水利水电,2006(12):30-33.

［51］付朝阳,金勤献.环境应急管理信息系统的总体框架与构成研究［J］.中国环境监测,2007,23(10):82-86.

［52］孙颖,黄全义.基于 ArcGIS 的消防灭火数字预案系统中应急工具箱的制作［J］.测绘信息与工程,2007,32(1):21-23.

［53］肖琨,罗年学,郭丽.基于 GIS 的奥运场馆消防灭火数字预案系统［J］.测绘信息与工程,2007,32(5):19-21.

［54］陈本荣,文鸿雁,罗年学,等.基于 J2EE 的数字预案查询系统研究［J］.地理空间信息,2007,5(6):82-84.

［55］袁宏永,苏国锋,等.应急文本预案、数字预案与智能方案［J］.中国应急管理,2007(4):20-23.

［56］郝吉明.典型工业集群区环境污染事故防范与应急系统的总体架构研究［J］.中国应急管理,2010(11):32-38.

［57］徐娟,王娜,党德鹏,等.数字预案一致性评审系统的设计与实现［J］.计算机应用与软件,2011,28(1):11-15.

［58］陈小龙.基于 WebService 与 WebGIS 的数字防汛预案应用管理平台的研究与实现［J］.陕西水利,2012(6):29-30.

［59］刘林.实战性石油石化消防应急预案信息系统研究［J］.中国信息界,2012(9):51-53.

［60］张峰,韩燕波,陈欣,等.基于数字预案的应急处置流程构造方法［J］.计算机集成制造系统,2013,19(8):1802-1809.

［61］潘明,黄家怿,孟祥宝,等.广东省农业应急平台建设与数字预案系统研究［J］.现代农业装备,2013(5):41-45.

［62］罗宇恒,谷岩.数字化应急预案的存储模型与生成方法的研究［J］.广州大学学报(自然科学版),2013,12(2):71-77.

［63］雷兰兰.火灾科学在数字化灭火救援预案中的应用［J］.中国公共安全·学术版,2015(1):63-69.

［64］郑万波,吴燕清,李先明,等.重庆市煤矿安全生产风险管理关键技术及应用［J］.中州煤炭,2016(12):6-10,15.

［65］郑万波,吴燕清,夏云霓,等.煤矿放炮事故风险管理体系应用研究［J］.能源与环保,2017(1):7-14.

［66］袁永宏,黄全义,苏国锋,等.应急平台体系关键技术研究的理论与实践［M］.北京:清华大学出版社,2012.

［67］刘铁民.重大事故应急指挥系统(ICS)框架与功能［J］.中国安全生产科学技术,2007,3(2):3-7.

［68］钟开斌.中国应急管理机构的演进与发展:基于协调视角的观察［J］.公共管理与政策评论,2018,7(6):23-38.

［69］郑万波,吴燕清,刘丹,等.矿山应急指挥平台体系层次模型探讨［J］.工矿自动化,2015,41(11):69-73.

［70］黄崇福.自然灾害风险分析与管理［M］.北京:科学出版社,2012.

［71］郑万波.基于应急救援模型的矿山应急指挥通信模式探讨［J］.工矿自动化,2013,39(9):40-42.

[72] 郑万波,吴燕清,李先明,等.基于应急管理机制的矿山应急救援指挥信息传递模型探讨[J].中国安全生产科学技术,2014,10(S1):293-299.

[73] 廖国礼,王云海,李春民.矿山重大事故应急预案编制结构与问题分析[J].中国安全生产科学技术,2007,3(5):83-86.

[74] 衡量.应急预案生成系统的设计与实现[D].西安:西安电子科技大学,2012.

[75] 易涛,朱群雄,刘鹏涛.基于应急演练的化工安全模糊专家系统[J].化工学报,2011,62(10):2818-2827.

[76] 范根华.冶金企业生产安全事故应急救援体系建立与应急预案演练[J].安徽冶金科技职业学院学报,2008,18(3):77-82.

[77] 范东.面向化工的应急预案平行管理系统设计与实现[D].北京:中国科学院大学,2015.

[78] 周慧娟.铁路应急管理中的预案管理与资源配置优化[D].北京:北京交通大学,2011.

[79] 侯水珍,张岩,刘战水.护理情景模拟应急预案演练对提高护士应急能力的效果调查及分析[J].中国实用乡村医生杂志,2015,22(4):26-27.

[80] 赵慧华,潘文彦,李晓蓉.应急预案情景模拟演练的设计及效果评价[J].护士进修杂志,2015,30(9):795-796.

[81] 郑万波,李先明,吴燕清.矿山事故灾难应急预案演练模式和绩效量化评估探讨[J].中州煤炭,2016(10):6-9,13.

[82] 郑双忠,邓云峰,刘铁民.事故指挥系统的发展与框架分析[J].中国安全生产科学技术,2005,1(4):27-31.

[83] 刘铁民,刘功智,陈胜.国家生产安全应急救援体系分级响应和救援程序探讨[J].中国安全科学学报,2003,13(12):5-8.

[84] 王延章,叶鑫,裘江南,等.应急管理信息系统——基本原理、关键技术、案例[M].北京:科学出版社,2010.

[85] 陈建宏,杨立兵.现代应急管理理论与技术[M].长沙:中南大学出版社,2013.

[86] 刘志东,马龙,徐连敏,等.应急指挥信息系统设计[M].北京:电子工业出版社,2009.

[87] 陈安,陈宁,武艳南,等.现代应急管理技术与系统[M].北京:科学出版社,2011.

[88] 张维明,刘忠,阳东升,等.体系工程理论与方法[M].北京:科学出版社,2010.

2 区域煤矿安全生产风险预控与评估体系

2.1 煤矿事故风险多级多目标综合评估方法研究

本章以省级区域煤矿事故风险评估为需求,以煤矿事故危险源的识别和评估方法为前提,建立三级区域煤矿事故 8 类一级指标和 20 类二级指标体系;建立煤矿事故风险评估体系结构层次模型,采用风险矩阵法来量化煤矿事故风险点的风险值,采用基于调查问卷的群决策方法对目标层、中间层和准则层的要素进行概率统计,最终得出评价结果;列出区域煤矿事故风险 20 个二级要素的风险等级详细清单,统计出一级要素的高、中、低三个风险等级的数目,建立一种区域煤矿风险等级综合评估的方法,为建立省级多级多目标煤矿事故风险管理体系打下理论基础。

在重庆市推行全行业风险评估工作,具有以下有利条件:①重庆市政府应急办牵头,在重庆市管辖范围内推行风险管理工作,这为煤矿风险管理工作提供了良好的管理环境。②重庆市煤矿安全管理的工作落实到位,基层基础扎实,煤矿质量标准化评估和煤矿隐患排查工作开展顺利,为风险管理储备管理、技术和人员基础。③具有成熟的借鉴模式。2005 年开始,中国神华集团建立并推行的煤矿风险管理本安体系已经在整个集团公司广泛应用,无论是技术还是管理模式已经趋于成熟,均值得借鉴。因此,有必要在开展重庆市煤矿事故风险评估[1,2]工作的过程中,进行省域煤矿事故多级多目标风险综合评估理论和方法研究。

2.1.1 煤矿事故综合风险因素的风险等级分析方法

风险矩阵是识别风险重要性的一种结构性方法,并可对项目风险的潜在影响进行评估,是一种操作简便且定性分析与定量分析结合的方法[3],用来进行风险识别、风险等级评估,为风险的监控与化解提供基础数据。风险矩阵法将风险对评估项目的影响分为 5 个等级,并提供风险发生概率的解释性说明,对煤矿事故风险发生的概率进行解释性说明。

(1)风险影响与风险发生概率

风险矩阵方法将风险对评估项目的影响分为 5 个等级,如表 2-1 所示。

表 2-1 风险矩阵等级说明

风险影响等级	风险损害程度量化值	定义及说明
特别严重	4~5	一旦风险发生,将导致整个煤矿停产,人员、经济损失特别重大,启动Ⅰ级预案
严重	3~4	一旦风险发生,将导致煤矿严重损坏,产量大幅下降,人员、经济损失特别重大,启动Ⅱ级预案
中度	2~3	一旦风险发生,将导致中度煤矿损坏,部分停产,人员、经济损失较大,启动Ⅲ级预案

风险影响等级	风险损害程度量化值	定义及说明
微小	1~2	一旦风险发生,将导致煤矿微小损坏,人员、经济损失一般,启动Ⅳ级预案
可忽略	0~1	一旦风险发生,对煤矿几乎没有影响,不会停产

注:量化值区间含下限值,不含上限值(特别严重等级除外),后同。

(2)风险等级的确定

通过将煤矿事故风险损失栏和煤矿事故风险发生概率栏的值输入风险矩阵来确定风险等级。将煤矿事故风险等级划分为高(风险等级和等级量化值 3.0~5.0)、中(风险等级和等级量化值 1.5~3.0)、低(风险等级和等级量化值 0~1.5)三个级别,查表 2-2 得出一个确切的风险等级量化值区间。

令某煤矿事故风险等级量化值为 $L\in[L_1,L_2]$,煤矿事故风险发生概率为 $P\in[P_1,P_2]$,煤矿事故风险等级为 $G\in[G_1,G_2]$,采用二次线性插值法[4],则实际风险等级值为

$$G=G_1+\frac{(L-L_1)(P-P_1)}{(L_2-L_1)(P_2-P_1)}\times(G_2-G_1) \tag{2-1}$$

表 2-2　煤矿风险等级对照表

风险发生概率范围/%	可忽略	微小	中度	严重	特别严重
0~10	0	0~0.5	0.5~1.0	1.0~1.5	2.0~2.5
11~30	0	0~0.5	1.0~1.5	1.5~2.0	2.5~3.0
31~70	0~0.5	0.5~1.0	1.5~2.0	2.0~3.0	3.0~4.0
71~90	0~0.5	1.0~1.5	2.0~2.5	3.0~3.5	4.0~4.5
91~100	0.5~1.0	1.5~2.0	2.5~3.0	3.5~4.0	4.5~5.0

(3)风险权重的确定

煤矿事故的风险评估是一个多指标评估系统,各评估指标权重的确定采用如下方法:设 N 为风险总个数;i 为某一特定的煤矿事故风险;k 表示某一准则,用 $k=1$ 表示风险影响 I,$k=2$ 表示风险发生概率 P;G_{ik} 表示风险 i 在准则 k 下的风险等级。则风险权重为

$$b=\sum_{k=1}^{2}(N-G_{ik}) \tag{2-2}$$

将风险点按重要性排序后,专家组针对区域煤矿事故风险这个准则层,判断各风险点的相对重要程度,然后两两比较打分构建判断矩阵[5],最后利用层次分析法的数学原理即可确定煤矿事故各个风险点的权重。

(4)煤矿事故综合风险等级的确定

确定了煤矿事故风险点的风险等级量化值和风险权重后,采用加权法将各风险点的风险等级量化值与相对应的风险权重相乘,然后将得到的结果累加,可得到该区域煤矿事故的综合风险等级量化值[6,7],设煤矿事故风险点数量为 n,煤矿事故风险点 i 的风险等级量化值为 G_i,风险权重为 ω_i,区域煤矿事故的综合风险等级量化值为 GT,则有

$$GT=\sum_{i=1}^{n}G_i\times\omega_i \tag{2-3}$$

根据制定的风险等级标准表,与所得的综合风险等级量化值进行比较,即可确定省级区域

煤矿事故的综合风险等级。

2.1.2 省级三级区域煤矿事故风险评价指标的建立

省级区域包括省(自治区、直辖市)、市(直辖市的区、县)、煤矿三级。煤矿事故风险评估的基本流程是:专家组建立—风险集的选定—风险等级的确定—风险权重的确定—项目风险的综合评估。

根据煤矿事故风险评估需要,选取与煤矿事故风险相关的管理、技术、生产领域的工作经验和专业技术知识丰富的专家三组,每组专家11人。通过会商研判、实地踏勘、现场测量、查阅历史资料等方式,分析采掘、通风、机电、运输、地测等工作任务的特点,整理各自的工作区域和关键点,罗列每个工作区域工作任务并识别重要任务或工序。如果11位专家中有7位以上的专家认为该风险指标对该项目存在作用即可选取,否则予以排除。辨识每个工作区域(地理位置)的工位(具体位置)中的煤矿事故指标集,从而选定项目的风险集。根据煤矿项目的风险识别并结合专家意见建立其风险指标集,包括评价指标、量化评价标准和综合评判方法研究。如表2-3所示,煤矿安全生产风险分为8类一级指标和21个二级指标(针对煤矿实际情况可有所调整)。

表 2-3　煤矿事故风险评价指标

序号	一级指标	二级指标
1	煤矿瓦斯事故风险(2A01)	(1)瓦斯爆炸事故风险
		(2)煤与瓦斯突出事故风险
		(3)瓦斯窒息事故风险
2	煤矿顶板事故风险(2A02)	(4)冲击地压事故风险
		(5)断层构造事故风险
		(6)应力集中带事故风险
3	煤矿运输事故风险(2A03)	(7)运输设备运行、保护事故风险
		(8)一坡三挡事故风险
4	煤矿水害事故风险(2A04)	(9)老窑、采空区水害事故风险
		(10)地表水、构造水事故风险
		(11)防水、排水、监测事故风险
5	煤矿机电事故风险(2A05)	(12)供电系统可靠性、保护失爆事故风险
		(13)机电设备设计、安装、运行事故风险
6	煤矿放炮事故风险(2A06)	(14)"一炮三检"事故风险
		(15)爆炸材料存储、管理事故风险
7	煤矿火灾事故风险(2A07)	(16)煤自燃事故风险
		(17)火区管理事故风险
		(18)井下明火作业事故风险
8	煤矿其他事故风险(2A08)	(19)煤矿坠落事故风险
		(20)煤矿粉尘事故风险
		(21)煤矿压力容器事故风险

2.1.3　基于层次分析法的区域煤矿风险评估

在煤矿风险评估中,为相对精确地比较煤矿或者区域风险等级,必须对其不同事故类型的风险进行综合评价,并得出综合性结论;然后根据各区域的风险防范措施,确定其重要性;最后对区域危险点的二级事故风险情况进行排序。因此,根据层次分析法的基本原理,按如下步骤对区域煤矿事故风险进行评价。

(1)建立区域煤矿事故风险评估体系层次结构模型

将区域煤矿事故风险评价作为层次分析的目标层(A),将各煤矿事故作为层次分析的中间层(B),将各煤矿事故的风险预警指数作为层次分析的方案层,建立区域煤矿事故风险评估体系层次结构模型,见图 2-1。

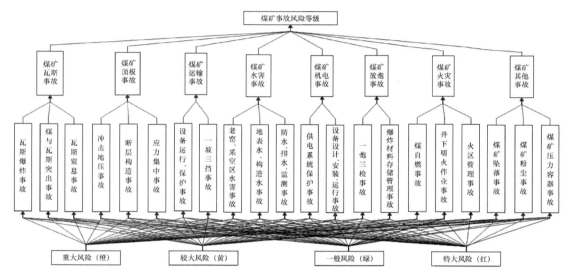

图 2-1　区域煤矿事故风险评估体系层次结构模型

(2)构造判断矩阵并求最大特征根和特征向量

由于层次结构模型确定了上下层元素间的隶属关系,这样就可针对上一层的准则构造不同层次的两两判断矩阵。若两两判断矩阵设为$(a_{ij})_{n\times n}$,则有 $a_{ij}>0$。

$$a_{ij}=\frac{1}{a_{ji}}\times a_{ij}(i,j=1,2,3,\cdots,n)$$

(3)计算判断矩阵一致性指标,并检验其一致性

为检验矩阵的一致性,定义 $CI=\frac{\lambda_{\max}-n}{n-1}$。当完全一致时,$CI=0$。CI 愈大,矩阵的一致性愈差。对 $1\sim9$ 阶矩阵,当阶数≤2 时,矩阵总有完全一致性;当阶数>2 时,$CR=\frac{CI}{RI}$称为矩阵的随机一致性比例(RI 为随机一致性指标)。当 $CR<0.1$ 或在 0.1 左右时,矩阵具有满意的一致性,否则需重新调整矩阵[8]。

(4)层次总排序

假设 A 层次所有要素排序结果分别为 $a_1,a_2,\cdots,a_m$,计算其下一层次 B 中各要素对层次A 而言的总排序权值[9,10]。这里是计算在区域煤矿中,各二级风险指标在各煤矿要求下相对

于区域煤矿事故风险等级的排序,其结果也要进行一致性检验。当 $CR = \dfrac{CI}{RI} = \dfrac{\sum\limits_{i=1}^{n} a_i CI_i}{\sum\limits_{i=1}^{n} a_i RI_i} <$

0.1 时,则认为层次总排序结果具有满意一致性。

2.1.4　煤矿企业事故风险评估应用算例

建立煤矿事故风险评估体系层次结构模型,对各评价指标进行量化,得出方案层中要素对决策目标的排序权重、第 1 个中间层中要素对决策目标的排序权重、第 2 个中间层中要素对决策目标的排序权重和基于成对比较法的煤矿事故风险等级判断矩阵计算结果。

以一次省级区域煤矿风险评估模拟为例,首先对风险点权重进行重要性排序,根据排出的序值,邀请专家针对区域煤矿事故总风险准则层,对煤矿事故的 8 个模块按重要性两两比较打分,构建判断矩阵。每位专家给出一个判断矩阵,然后通过对 11 个判断矩阵中的相应元素求取简单算术平均值,作为最后判断矩阵的相应元素,得出最后的综合判断矩阵,再用层次分析法确定 8 个风险模块的权重。

采用 yaahp 10.2 层次分析工具软件对煤矿事故风险进行分析。煤矿中事故风险所占比重由大到小的顺序是:煤矿瓦斯事故、煤矿顶板事故、煤矿运输事故、煤矿水害事故、煤矿机电事故、煤矿火灾事故、煤矿放炮事故和煤矿其他事故,其柱形图如图 2-2 所示。

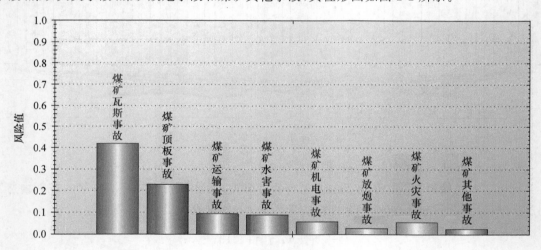

图 2-2　煤矿事故风险值柱形图

2.1.5　区域煤矿多级多目标决策方法及算例

在煤矿事故风险量化评估过程中,需先由专家根据合理的判断和搜集到的有限信息及过去长期积累的经验,根据表 2-1 和表 2-2,对该项目各风险指标的风险损害程度量化值和风险发生概率进行评估打分。在此基础上,采用简单算术平均法对各模块风险指标的影响量化值和发生概率进行处理,分别推导出 8 个风险模块的风险损害程度量化值和风险发生概率。

根据风险矩阵中的各项值,利用公式(2-2)计算某个风险模块的权重,利用公式(2-3)计算风险模块的综合风险等级。在进行区域煤矿 8 大灾害风险概率评估时,风险等级等于风险发生可能性和风险引起损失的乘积。按照风险评估的风险值,可以将煤矿8大风险的风险等级分为三个等级,如表2-4所示,将煤矿瓦斯事故危险源风险值分为高、中、低三个级别,并列出瓦斯事故危险源评估结果清单。

表 2-4　××煤矿瓦斯事故危险源风险值评估结果清单

重大瓦斯事故风险危险源 (风险值 3.0~5.0)			中等瓦斯事故风险危险源 (风险值 1.5~3.0)			一般瓦斯事故风险危险源 (风险值 0~1.5)		
序号	危险源名称	风险值	序号	危险源名称	风险值	序号	危险源名称	风险值
1	××采掘面瓦斯爆炸	4.5	1	××瓦斯突出事故	2.8	1	××巷道瓦斯窒息	1.1
2	××采掘面瓦斯突出	4.1	2	××巷道瓦斯窒息	1.9	2	××面瓦斯突出事故	0.8
3	××巷道瓦斯窒息	3.8	3	××面瓦斯突出事故	2.6	3	××巷道瓦斯突出	1.4
……	……	……	……	……	……	……	……	……
N_{11}	……	……	N_{12}	……	……	N_{13}	……	……

在确保评价体系一致的情况下,统计某区域多个煤矿的8大风险值的累计数目。如表2-5所示,将煤矿事故风险归类到8大事故灾害(瓦斯、顶板、水害、火灾、运输、机电、放炮和其他事故),并统计出危险源的数目,就可以得出该区域多个煤矿8大事故的风险等级。

表 2-5　煤矿一级事故风险因素分级统计表

名称	瓦斯事故风险 G_1			顶板事故风险 G_2			水害事故风险 G_3			……	其他事故风险 G_8		
等级	高	中	低	高	中	低	高	中	低	……	高	中	低
数量	N_{11}	N_{12}	N_{13}	N_{21}	N_{22}	N_{23}	N_{31}	N_{32}	N_{33}	……	N_{81}	N_{82}	N_{83}

例:G_1(瓦斯事故风险值)$= 5 \times (N_{11}/N_{10}) + 3 \times (N_{12}/N_{10}) + 1 \times (N_{13}/N_{10})$;$N_{10} = N_{11} + N_{12} + N_{13}$;总风险等级 $G_0 = G_1 \times \omega_1 + G_2 \times \omega_2 + \cdots + G_8 \times \omega_8$。

最终查表 2-2 得到省级区域煤矿事故的综合风险等级。

2.2　重庆市煤矿安全生产事故风险管理关键技术研究

本节以开展重庆市煤矿事故风险管理工作为目的需求,以8类主要煤矿事故为分析对象,以《重庆市突发事件风险管理操作指南(试行)》的"六表一图"为核心框架,开展煤矿事故风险进行评估工作。首先,列出"煤矿事故风险目录",制作"煤矿事故风险采集表";其次,计算"煤矿事故风险损害后果"和"煤矿事故风险可能性",绘制"煤矿事故风险矩阵图",得出煤矿事故风险等级值;然后,根据煤矿事故风险评估的汇总结果,采用综合分析和历史比对方法,形成动态煤矿事故风险动态监测机制,根据风险的管理标准、技术措施、管理措施和应急准备提出省级区域三级风险管理和信息管理机制;最后,以煤矿事故风险"五表一图"(风险采集表、损害后果计算表、可能性分析表、煤矿企业风险评估登记表、煤矿企业风险管理汇总表和风险矩阵图)为基础框架,提供一种从9个方面编制煤矿事故风险评估报告的方法和目录纲要,为省级区域煤矿事故风险管理提供一种示范案例。

本节以开展重庆市煤矿事故风险管理工作为目标,进行省级区域煤矿安全生产事故风险管理关键技术研究。

2.2.1 煤矿事故风险管理关键技术问题

(1)煤矿风险预控体系与现有主要煤矿安全管理体系的关系。2005年,神华集团等组织研发煤矿安全风险预控管理体系,并于2007年在全国百家煤矿试点推行;2011年7月,国家安全生产行业标准《煤矿安全风险预控管理体系规范》(AQ/T 1093—2011)[11]发布。煤矿安全质量标准化[12]、煤矿隐患排查治理[13]和煤矿安全风险预控管理体系三项工作各有特点、相互作用,即以煤矿隐患排查治理为核心工作,建立健全隐患排查治理长效机制;以煤矿安全质量标准化为基础保障工作,深入开展达标创建,不断提升煤矿安全保障能力;以风险预控管理体系为管理提升方向,鼓励煤炭企业吸收、采纳风险管控先进管理手段,进一步提升安全管理水平[14]。该体系从体系的结构、运行模式、考核方式、标准等方面与煤矿安全质量标准化基本要求及评分方法进行了对比[15]。煤矿安全质量标准化在运行动力机制、标准的强制性以及管理标准库等方面的优势,与煤矿安全风险预控管理体系在理论支撑、动态化过程管理、人的不安全行为管理以及体系自主完善能力等方面优势的互补性明显[16,17]。

(2)煤矿8类主要事故风险管理与煤矿生产中"采、掘、机、通、运"等生产要素的联系紧密。煤矿质量标准化和煤矿隐患排查以生产要素作为基本单元来开展工作,以此为基础,采用工作分析法,以工作组织单元为风险基本识别单元,对煤矿8类主要事故风险进行逐一巡检,逐一识别。

(3)省(自治区、直辖市)、市(区、县)、企业(煤矿)三级煤矿风险管理和信息报送机制。建立以重庆市人民政府、重庆煤监局管辖的政府和行业主管的三级风险管理和风险信息报送、动态监测、预警与更新、发布机制。

(4)重庆市风险管理信息系统核心框架"六表一图"[1]与煤炭行业的"五表一图"框架的转换关系。以现有重庆市风险管理信息系统的"六表一图"为基本框架,依据煤炭行业的规范和行业特点,制定"煤矿事故风险清单""煤矿事故风险采集表""煤矿事故风险可能性量化表""煤矿事故风险损害后果量化表""煤矿事故风险矩阵图""煤矿企业事故风险登记表"和"煤矿企业事故风险汇总表"[2]。

(5)煤矿事故风险管理评价报告编制。以煤矿现有安全管理为基础,以《重庆市煤矿安全生产风险评估实施细则(暂行)》[2]为基础框架,聘请具有资质的第三方评价机构对煤矿风险管理项目进行评价,并形成煤矿风险管理评价报告。

(6)风险预控管理信息平台逐步与煤矿隐患排查治理、煤矿安全质量标准化融合形成一个完整的安全预控管理体系,向区域一体化、连续化方向发展,事故风险平台构建、应急信息传递与决策[18-23]。

2.2.2 煤矿事故风险识别

煤矿风险评估工作机构工作成员应包括有现场工作经验的生产、安全专业技术人员,采用工作分析法。重庆市主要以中小煤矿为主,在改进神华风险预控管理体系的基础上,采用煤矿事故隐患排查工作组划分方法,设置煤矿通风、采掘、机运、地测等若干小组,以煤矿工作任务区域为识别单元,划分为若干工作任务区域。

煤矿事故风险目录依据《重庆市突发事件风险管理操作指南(试行)》[1]确定,将煤矿安全生产风险分为八大类:煤矿瓦斯事故风险(2A01)、煤矿顶板事故风险(2A02)、煤矿运输事故风险(2A03)、煤矿水害事故风险(2A04)、煤矿机电事故风险(2A05)、煤矿放炮事故风险(2A06)、煤矿火灾事故风险(2A07)、煤矿其他事故风险(2A99)。风险识别要点是,对矿井各生产系统进行全面风险识别,分析矿井可能存在的各类风险,依据风险信息采集表进行风险信息采集。

2.2.2.1　煤矿事故风险损害后果

(1)事故场景描述。对矿井事故发生时间、地点、原因和持续时间、影响范围、造成的损失危害等进行设置,或对曾发生过的矿井事故的场景进行描述(须按可能产生最严重的损害进行假定或描述),并依据损害临界值标准,填写"风险损害后果计算表"相关内容(表2-6)。

表 2-6　煤矿风险损害后果量化表

领域	缩写	损害参数	单位	预期损害规模	损害等级	损害规模判定依据
人 (M)	M_1	死亡人数	人数	××	××	××
	M_2	受伤人数	人数	××	××	××
	M_3	暂时安置人数	人数	××	××	××
	M_4	长期安置人数	人数	××	××	××
经济 (E)	E_1	直接经济损失	万元	××	××	××
	E_2	间接经济损失	万元	××	××	××
	E_3	应对成本	万元	××	××	××
	E_4	善后及恢复重建成本	万元	××	××	××
社会 (S)	S_1	生产中断	万 t/a(能力)、 d(停产时间)	××	××	××
	S_2	政治影响	影响指标数、 时间	××	××	××
	S_3	社会心理影响	影响指标数、 程度	××	××	××
	S_4	社会关注度	时间、范围	××	××	××
Sum＝M＋E＋S				损害等级合计数:×× 损害参数总数:××		
损害后果＝损害等级合计数/损害参数总数				损害后果:××		

(2)损害等级评估。在预期损害规模基础参数上,依据损害临界值标准,确定"风险损害后果计算表"中人、经济、社会3类12项的损害等级。预期损害规模确定:依据煤矿事故风险场景设置及损害参数标准,对"风险损害后果计算表"中人、经济、社会3类12项损害规模进行参数预估。

(3)损害规模判定依据内容。依据煤矿事故风险场景设置、损害等级,判别、填写"风险损害后果计算表"中人、经济、社会3类12项的"损害规模判定依据"。

(4)计算损害后果。根据每个参数损害等级值,计算出最终的损害后果值(损害后果＝损害等级之和÷损害参数总数,保留小数点后一位,四舍五入),填写"风险损害后果计算表"的"损害等级合计数""损害后果"相关内容。

2.2.2.2　煤矿风险事故发生可能性

如表2-7所示,煤矿事故风险评估分为三个步骤。

(1)预判发生可能性,进行分级,确定等级。历史发生概率(Q_1):依据该矿井过去10 a发生此类风险事故的频率,进行分级,确定等级。风险承受能力(Q_2):组织专家依据评估对象自身的风险承受能力(稳定性)来判断发生此类煤矿事故的可能性进行分级,确定等级。应急管理能力(Q_3):依据"应急管理能力评估标准表"打分结果进行分级,确定等级。专家综合评估(Q_4):由风险管理单位牵头,不同类型的专家及相关人员参与,通过技术分析、集体会商、多方论证评估得出此类煤矿事故发生可能性,进行分级,确定等级。

(2)分析、填写可能性等级值。对照"可能性分析表"所列出的 $Q_1 \sim Q_4$ 等 4 项可能性的各自 5 个等级,通过综合分析,对应确定每个参数的等级值。

(3)汇总计算确定发生可能性。根据每个参数的等级、可能性值,汇总计算;按照公式得出发生可能性值,并填写"可能性分析表"的"等级值合计数""指标总数""发生可能性值"相关内容。

表 2-7　煤矿风险事故可能性量化表

指标	释义	分级	可能性	等级	等级值
历史发生概率(Q_1)	过去 10 a 发生此类风险事故的频率,得出等级值	过去 10 a 发生 3 次以上	很可能	××	××
		过去 10 a 发生 3 次	较可能	××	
		过去 10 a 发生 2 次	可能	××	
		过去 10 a 发生 1 次	较不可能	××	
		过去 10 a 未发生	基本不可能	××	
风险承受能力(Q_2)	组织专家从评估对象自身的风险承受能力(稳定性)来判断发生此类煤矿事故的可能性	承受力很弱	很可能	××	××
		承受力弱	较可能	××	
		承受力一般	可能	××	
		承受力强	较不可能	××	
		承受力很强	基本不可能	××	
应急管理能力(Q_3)	按《重庆市煤矿安全质量标准化基本要求及评分方法实施细则》[16]"第十部分 应急救援"来评定	应急管理能力很差(60分以下)	很可能	××	××
		应急管理能力差(60~69分)	较可能	××	
		应急管理能力一般(70~79分)	可能	××	
		应急管理能力好(80~89分)	较不可能	××	
		应急管理能力很好(90~100分)	基本不可能	××	
专家综合评估(Q_4)	由风险管理单位牵头,不同类型的专家及相关人员参与,通过技术分析、集体会商、多方论证评估得出此类煤矿事故发生可能性		很可能	××	××
			较可能	××	
			可能	××	
			较不可能	××	
			基本不可能	××	

Sum=$Q_1+Q_2+Q_3+Q_4$　　　　等级值合计数:××
　　　　　　　　　　　　　　指标总数:××

发生可能性值=等级值合计数/指标总数　　　　发生可能性值:××

2.2.2.3　绘制风险矩阵图

根据最终的损害后果值和发生可能性值,在风险矩阵图上绘制相应的坐标,按照坐标所在区域,确定风险的最终等级(一般、较大、重大、特别重大 4 个等级),如图 2-3 所示。

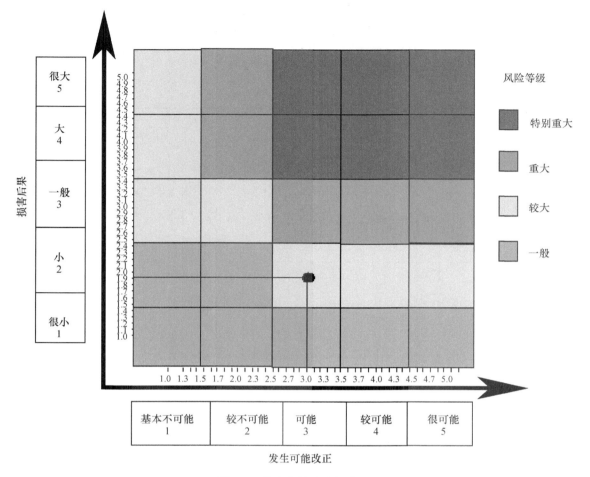

图 2-3　煤矿事故风险矩阵图

2.2.3　煤矿事故风险资料汇总、三级风险动态监测和信息报送

风险评估完成后,填写"煤矿企业风险管理汇总表"(表 2-8)。在汇总该矿井风险管理情况时,对比原事故风险事件和现有事故风险事件,分析风险变化原因,提出风险的管理标准、技术措施、管理措施和应急准备;建立动态煤矿企业风险监测机制,建立以政府和行业主管的三级风险管理、风险信息报送、动态监测、预警与更新、发布机制。

2.2.4　煤矿事故风险管理评价报告编制

煤矿应根据风险评估情况对煤矿安全生产风险进行整体总结评估,风险变化后应重新评估;专业技术力量薄弱的企业,聘请行业专家或有专业资质的评价机构,对煤矿安全生产风险进行整体总结评估,编制《煤矿企业安全生产事故风险管理评价报告》。

《煤矿企业安全生产事故风险管理评价报告》编制大纲:①前言。编制原则;编制依据,包括:政策法规、技术指南、标准规范、其他文件。②工作方案。包括工作目标、工作组织、工作原则、时间安排、重点内容、工作步骤、工作要求等。③企业情况。包括煤矿企业基本信息;现有安全生产管理、煤矿安全质量标准化、煤矿隐患排查实施情况及效果。④风险识别。包括风险识别单元(区域)划分情况,企业各生产系统存在的风险情况。⑤风险评估。按煤矿事故风险分类进行评估(持续时间、影响范围、风险及后果描述、损害后果、发生可能性、风险等级、变化原因等)。⑥风险防控。包括管理标准、技术措施、管理措施、应急准备、其他措施。⑦煤矿企业安全生产事故风险综合评价及结论。⑧相关建议。⑨附件。

表2-8 煤矿企业事故风险汇总表

序号	一级编码(风险类别)	二级编码(风险名称)	风险点(所属区域)	原事故风险事件						现有事故风险事件							管理标准	技术措施	管理措施	应急准备
				持续时间	影响范围	风险及其后果描述	损害后果	发生可能性	风险等级	变化原因	持续时间	影响范围	风险及其后果描述	损害后果	发生可能性	风险等级				
							风险评估							风险评估						
1	煤矿××事故(2A××)	煤矿××事故风险(2A××-××)	××采面	××h	水平,××采区	死伤××人,失踪××人,财产损失××,等	××	××	较大	××	××h	水平,××采区	死伤××人,失踪××人,财产损失××,等。	××	××	重大	××	××	××	××
2	……	……	……	……	……	……	……	……	……	……	……	……	……	……	……	……	……	……	……	……

2.3 本章小结

(1)以省级区域煤矿风险评估为需求,以煤矿危险源的识别和评估方法为前提,建立三级区域煤矿事故8类一级指标和21类二级指标体系。

(2)建立煤矿事故风险评估体系层次模型,采用风险矩阵图的方法来量化煤矿事故风险值,通过二次线性插值法计算煤矿事故风险点和8大风险模块的风险值。

(3)采用层次分析法建立多级区域的煤矿事故风险评估体系评价层次模型,构造判断矩阵求最大特征根和特征向量,进行判断矩阵的一致性检验,并进行层次排序。

(4)采用yaahp 10.2工具软件构建煤矿事故多级多目标风险评价层次模型,对某个区域多个煤矿事故风险方案层和中间层元素进行权重分析,并构造判断矩阵求最大特征根和特征向量,进行判断矩阵的一致性检验,进行层次总排序,最后统计出区域多个煤矿一级要素的高、中、低三个风险等级的数目,建立一种区域煤矿多级多目标风险等级评估的方法。

(5)以开展重庆市煤矿事故风险管理工作为需求,针对8项煤矿事故风险管理关键技术提出了相应的解决方法。

(6)以《重庆市突发事件风险管理操作指南(试行)》的"六表一图"为核心,对煤矿事故风险进行评估,列出"煤矿事故风险目录",用"煤矿事故风险采集表",计算"煤矿风险损害后果"和

"煤矿风险可能性",绘制"煤矿风险矩阵图",得出煤矿事故风险等级值。

(7)根据"煤矿企业事故风险评估汇总表"结果,提出采用综合分析和历史比对方法,形成煤矿事故风险动态监测机制,提出风险的管理标准、技术措施、管理措施和应急准备,提出省级区域三级煤矿事故风险管理和信息管理机制。

(8)以煤矿事故风险"五表一图"为基础框架,提供一种从9方面编制煤矿事故风险评估报告的方法和目录纲要。

本章通过开展重庆煤矿事故风险管理工作,为煤矿安全管理领域提供一种典型省级区域煤矿事故风险管理评估示范案例,进一步提升省级区域煤矿安全事故风险管理水平。

参考文献

[1] 重庆市人民政府.重庆市突发事件风险管理操作指南(试行)[R].2015.
[2] 重庆煤矿安全监察局.重庆市煤矿安全生产风险评估实施细则(暂行)[R].2015.
[3] GARVEY P R,LANDOWNE Z F. Risk matrix:an approach for identifying,assessing,and ranking program risk[J]. Air Force Journal of Logistics,1998(25):16-19.
[4] 杨大地,王开荣.数值分析[M].北京:科学出版社,2006.
[5] 毛晶.发电企业投资煤电一体化项目的风险评估及规律策略[D].北京:华北电力大学(北京),2011.
[6] 李海凌,等.基于风险矩阵的工程项目投标风险排序[J].西华大学学报(自然科学版),2009(2):51-52,59.
[7] 李洁.基于企业价值的人力资源外包决策研究[D].南京:南京师范大学,2008.
[8] 毛念华.基坑围护结构型式决策分析[J].城市建设,2009(50):131-133.
[9] 刘沙沙.哈尔滨市大气环境质量现状研究与预测[D].哈尔滨:哈尔滨工业大学,2008.
[10] 梁子荣,辛广龙,井健.煤矿隐患排查治理、煤矿安全质量标准化与煤矿安全风险预控管理体系三项工作关系探讨[J].煤矿安全,2015,41(7):116-117.
[11] 国家安全生产监督管理总局.煤矿安全风险预控管理体系规范:AQ/T 1093—2011[S].
[12] 国家煤矿安全监察局.煤矿安全质量标准化基本要求及评分方法(试行)[M].北京:煤炭工业出版社,2013.
[13] 张士昌.矿山事故隐患预控管理模式[M].济南:山东大学出版社,2009.
[14] 林光侨,王颜亮.煤矿风险预控本质安全管理体系建设与应用[J].煤炭工程,2013(8):90-94.
[15] 赵振海.煤矿安全风险预控管理体系与质量标准化体系比较探究[J].中国煤炭,2014,40(4):118-121.
[16] 孟现飞,宋学峰,张炎治.煤矿风险预控连续统一体理论研究[J].中国安全科学学报,2011,21(8):90-94.
[17] 李光荣,杨锦绣,刘文玲,等.2种煤矿安全管理体系比较与一体化建设途径探讨[J].中国安全科学学报,2014,24(4):117-122.
[18] 郑万波,吴燕清,李平,等.ICS架构下的矿山应急指挥通信系统层次模型[J].山东科技大学学报(自然科学版),2015,34(2):86-94.
[19] 郑万波,吴燕清,刘丹,等.矿山应急指挥平台体系层次模型探讨[J].工矿自动化,2015,41(11):69-73.
[20] 郑万波,吴燕清.矿山应急救援指挥综合通信系统设计[J].工矿自动化,2016,42(3):84-86.
[21] 郑万波,吴燕清,李先明,等.基于应急管理机制的矿山应急救援指挥信息传递模型探讨[J].中国安全生产科学技术,2014,10(S):293-299.
[22] 郑万波.矿山应急救援指挥信息沟通及传递网络模型研究[J].现代矿业,2016,32(7):184-186,225.
[23] 郑万波,吴燕清.矿山应急救援装备体系综合集成研讨厅的体系架构模型研究[J].中国安全生产科学技术,2016,12(S1):272-277.

3 煤矿企业安全生产事故风险管理体系的评价指标及方法

针对《重庆市人民政府关于加强突发事件风险管理工作的意见》(渝府发〔2015〕15 号)、《关于加强煤矿安全生产风险管理工作的通知》(渝煤发〔2015〕156 号)等文件,依据《中华人民共和国安全生产法》、《煤矿安全规程》、《煤矿安全风险预控管理体系规范》(AQ/T 1093—2011)、《重庆市突发事件风险管理操作指南》等规定,本章结合重庆市煤矿矿井安全生产实际,制定评估技术及方法。

3.1 编制原则

编制风险评估报告应遵循以下原则:

(1)系统性原则。统筹考虑各个流程、各个环节、各种类型和不同时期的风险,充分考虑多方面影响和各种次生、衍生灾害后果,运用现代科学技术和方法进行综合分析。

(2)实效性原则。结合煤矿安全生产实际情况,突出工作重点,做到工作责任落实到位、信息采集真实准确、分析评价客观科学、应对措施切实可行,确保及时发现并消除、降低各类风险。

(3)动态性原则。根据地质情况、采掘布置、管理水平、生产技术等变化,把握风险变化规律,及时更新风险数据,调整防控措施,开展科学分析,从源头防范突发事件的发生。

(4)数字信息化原则。风险用数据表现,采用量化分析,将涉及的某一风险的各种数据进行综合集成,经逻辑运算生成一个评估值,确定风险管理的状况和等级。

3.2 前期准备

(1)编制工作方案

煤矿企业应组织编制风险评估工作方案,在方案中明确工作任务、要点、领导及工作机构,落实具体责任。

(2)成立工作机构

风险评估工作机构的成员包括有现场工作经验的生产、安全专业技术人员。工作机构可下设煤矿通风、采掘、机运、地测等若干小组。专业技术力量薄弱的企业,可以聘请相关专家或委托第三方开展风险评估工作。

(3)开展风险识别

① 风险识别内容

风险识别是风险管理工作的基础,煤矿企业针对矿井实际,以各生产系统为基础,采取生产现场踏勘、现状分析和查阅资料等方式,对风险因素进行分析识别,从不同层面和角度分析、罗列、细化某区域或某事件可能发生的各种不利情况,判断其可控程度、预判其发生的可能性等,确定风险具体类别,进行系统归类。

② 风险识别方法

a. 通过对井下工作环境的现场观察了解,发现存在的风险。

b. 查阅、询问、了解矿井各类生产资料,分析井下工作场所存在的风险。

c. 查阅矿井以往事故案例,对照分析可能存在的风险。

d. 工作任务分析:对矿井各生产系统、工作区域的危险因素进行分析,识别出有关的风险。

e. 安全检查表法:通过对矿井进行系统的安全检查及分析,按照"风险识别目录"编制该矿井全面的"风险信息采集表"和"风险管理表",识别出矿井工作任务区域可能存在的各类风险。

3.3 风险识别工作具体实施

煤矿安全生产风险识别以煤矿为识别单位,对照"煤矿安全生产风险识别要点",按照"煤矿事故风险识别目录",对矿井各生产系统的工作任务区域进行全面风险识别,分析矿井可能存在的各类风险,填写"风险信息采集表"。

3.3.1 计算风险损害后果

(1)事故场景描述

对矿井事故发生时间、地点、原因和持续时间、影响范围、造成的损失危害等进行设置,或对曾发生过的矿井事故的场景进行描述(须按可能产生最严重的损害进行假定或描述),并依据损害临界值标准,填写"风险损害后果计算表"相关内容。

(2)预期损害规模评估

① 损害参数指标标准表见 3-1。

表 3-1 损害参数指标标准

评估领域	缩写	损害参数	指标标准	单位
人 (M)	M_1	死亡人数	因煤矿风险事件而遇难、失踪的人口	人数
	M_2	受伤人数	因煤矿风险事件而受伤,须接受医生或医疗机构治疗的人口	人数
	M_3	暂时安置人数	因煤矿风险事件而需要暂时(7 d 以下)转移的人口	人数
	M_4	长期安置人数	因煤矿风险事件而失去住所,需要在原地或异地重建住所的人口	人数
经济 (E)	E_1	直接经济损失	因风险事故造成的各种直接损失	万元
	E_2	间接经济损失	因风险事故停产造成的各种间接损失	万元
	E_3	应对成本	抢险救灾、事故处置造成的各种费用总和	万元
	E_4	善后及恢复重建成本	煤矿风险事件的威胁和危害得到控制或者消除后,补偿、恢复、重建等所需的各种费用总和	万元

评估领域	缩写	损害参数	指标标准	单位
社会（S）	S_1	生产中断	根据渝煤监管〔2013〕83 号文件、煤矿生产能力和事故等级，确定煤矿停产整治期限（停产整治期限从事故发生之日起计算）	停产时间
	S_2	政治影响	包括影响矿区正常工作秩序、影响员工及相关人员对企业的信任、影响政府对社会的管理、影响公共秩序与安全、影响道德规范等方面	时间、指标数
	S3	社会心理影响	对风险事件的担忧与恐慌、对企业采取应对措施不理解不认可的恐慌等方面	影响程度、指标数
	S_4	社会关注度	社会对煤矿风险事件关注的程度。主要体现在煤矿风险事件发生后，公众通过网络、电视、报纸、交谈等渠道对该事件关注的范围和时间的长短	时间、范围

② 预期损害规模：依据煤矿事故风险场景设置及损害参数标准，对"风险损害后果计算表"中人、经济、社会 3 类 12 项损害规模进行参数预估。

（3）损害等级评估

① 损害临界值标准见表 3-2～表 3-7。

表 3-2　损害临界值标准——人

分类		人（M）			
等级	描述	死亡人数（M_1）	受伤人数（M_2）	暂时安置人数（M_3）	长期安置人数（M_4）
5	特别重大	≥30	≥100	≥3000	≥1000
4	重大	10～29	50～99	1000～2999	500～999
3	较大	3～9	10～49	300～999	100～499
2	一般	1～2	1～9	50～299	30～99
1				＜50	＜30

表 3-3　损害临界值标准——经济

分类		经济（E）/万元			
等级	描述	直接经济损失（E_1）	间接经济损失（E_2）	应对成本（E_3）	善后及恢复重建成本（E_4）
5	特别重大	≥10000	≥30000	≥5000	≥50000
4	重大	5000～9999	10000～29999	2000～4999	10000～49999
3	较大	1000～4999	2000～9999	500～1999	3000～9999
2	一般	0～999	500～1999	50～499	500～2999
1			≤499	≤49	≤499

表 3-4 损害临界值标准——社会(生产中断)

生产能力	事故等级停产整治期				
	一次死亡 1 人事故	一次死亡 2 人或年内重复死亡 1 人事故		次死亡 3~9 人较大事故	一次死亡 10 人以上重大事故
		机电、运输、放炮、其他	瓦斯、水害、顶板		
<9 万 t/a	3 个月	6 个月	12 个月	6 万 t/a 及以上矿井停产整治 12 个月；6 万 t/a 以下矿井按规定由区县(自治县)政府依法关闭	提请区县(自治县)政府依法关闭
9~15 万 t/a(不含 15 万 t/a)	1 个月	2 个月	3 个月	6 个月	12 个月
15~30 万 t/a(不含 30 万 t/a)	15 d	1 个月	2 个月	3 个月	9 个月
30~60 万 t/a(不含 60 万 t/a)	7 d	15 d	1 个月	2 个月	6 个月
≥60 万 t/a	5 d	10 d	15 d	1 个月	3 个月
量化等级	3	4	4	5	5

表 3-5 损害临界值标准——社会(政治影响)

持续时间	指标数量			
	无显著指标	一个指标	两个指标	三个以上指标
12 h 以内	1	1	2	3
12~24 h	1	2	3	4
24~48 h	2	3	4	5
48 h 以上	3	4	5	5

政治影响是指煤矿突发事件对政府工作运行的影响。该参数从影响持续时间与影响指标数量两个方面衡量。影响指标包括：ⓐ影响政府工作人员正常工作秩序；ⓑ影响群众对政府的信任；ⓒ影响政府对社会的管理；ⓓ影响公共秩序与安全；ⓔ影响公民自由与权利；ⓕ影响社会公德；ⓖ媒体负面报道；ⓗ其他不利影响。出现两个以上指标时，持续时间取最大值。

表 3-6 损害临界值标准——社会(社会心理影响)

影响程度	指标数量			
	无显著指标	一个指标	两个指标	三个以上指标
很小	1	1	2	3
小	1	2	3	4
一般	2	3	4	4
大	3	4	4	5
很大	4	4	5	5

社会心理影响是指突发事件对大众心理的影响。该参数从影响程度与指标数量两个方面进行衡量。影响指标包括：ⓐ对风险事件缺乏认识导致的焦虑；ⓑ对风险事件缺乏判断导致的盲目从众；ⓒ对受影响群众采取相关行动导致的恐慌；ⓓ对政府采取的应对措施不理解；ⓔ对政府能够有效应对风险事件的不信任；ⓕ其他不利影响。出现两个以上指标时，影响程度取最大值。

表 3-7　损害临界值标准——社会（社会关注度）

持续时间	范围			
	区（县）	省（市）	国内	国际
1 d 内	1	1	2	3
1～7 d	1	2	3	4
7～30 d	2	3	4	5
30 d 以上	3	4	5	5

社会关注度是指社会对突发事件关注的程度。社会关注度高低主要体现在突发事件发生后，公众通过互联网、手机、电视、电台、报纸杂志、交谈交流等渠道对该事件关注的范围和时间的长短。该参数从持续时间与关注范围两个方面进行衡量。

②在预期损害规模基础参数上，依据损害临界值标准，确定"风险损害后果计算表"中人、经济、社会 3 类 12 项的损害等级。

（4）损害规模判定依据内容

依据煤矿事故风险场景设置、损害等级，判别、填写"风险损害后果计算表"中人、经济、社会 3 类 12 项的"损害规模判定依据"。

（5）计算损害后果

根据每个参数损害等级值，计算出最终的损害后果值（损害后果＝损害等级之和÷损害参数总数，保留小数点后一位，四舍五入），填写"风险损害后果计算表"的"损害等级合计数""损害后果"相关内容。

3.3.2　分析风险事故可能性，填写"可能性分析表"

（1）预判发生可能性，进行分级，确定等级

历史发生概率（Q_1）：依据该矿井过去 10 a 发生此类风险事故的频率进行分级，确定等级。

风险承受能力（Q_2）：组织专家依据评估对象自身的风险承受能力（稳定性）来判断发生此类煤矿事故的可能性进行分级，确定等级。

应急管理能力（Q_3）：依据"应急管理能力评估标准表"打分结果进行分级，确定等级。

专家综合评估（Q_4）：由风险管理单位牵头，不同类型的专家及相关人员参与，通过技术分析、集体会商、多方论证评估得出此类煤矿事故发生可能性，进行分级，确定等级。

（2）分析、填写可能性等级值

对照"可能性分析表"所列出的 Q_1～Q_4 等 4 项可能性的各自 5 个等级，通过综合分析，对应确定每个参数的等级值，并填写。

（3）汇总计算确定发生可能性

根据每个参数的等级、可能性值，汇总计算；按照公式得出发生可能性值（发生可能性值＝

等级值合计÷指标总数,保留小数点后一位,四舍五入),并填写"可能性分析表"的"等级值合计数""指标总数""发生可能性值"相关内容。

3.3.3　绘制"风险矩阵图"

　　根据最终的损害后果值和发生可能性值,在风险矩阵图(图3-1)上绘制相应的坐标,按照坐标所在区域,确定风险的最终等级(一般、较大、重大、特别重大4个等级)。

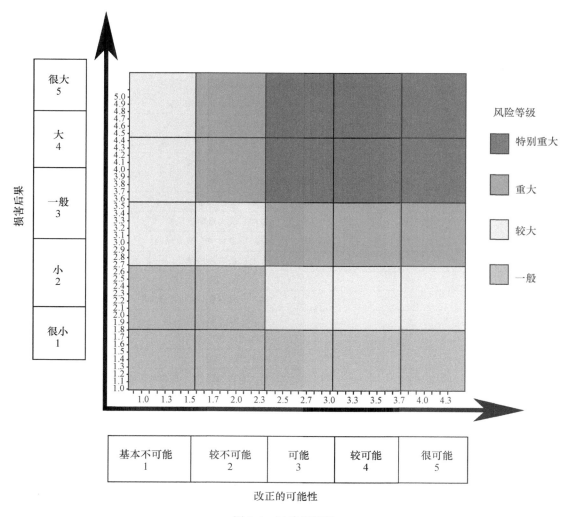

图3-1　风险矩阵图

3.4　编制评估报告

　　(1)风险评估完成后,填写"煤矿企业风险评估登记表""煤矿企业风险管理汇总表",汇总该矿井风险管理情况。

　　(2)根据风险评估情况对煤矿安全生产风险进行整体总结评估,风险变化后重新评估;专业技术力量薄弱的企业,可以聘请行业专家或有专业资质的评价机构,对煤矿安全生产风险进行整体总结评估;总结评估完成后编制《煤矿企业安全生产风险评估报告》。

3.5 煤矿事故风险采集表示例

煤矿安全生产风险分为八大类（表 3-8）：煤矿瓦斯事故风险（2A01）、煤矿顶板事故风险（2A02）、煤矿运输事故风险（2A03）、煤矿水害事故风险（2A04）、煤矿机电事故风险（2A05）、煤矿放炮事故风险（2A06）、煤矿火灾事故风险（2A07）、煤矿其他事故风险（2A99）。各类采集表示例见表 3-9～表 3-14。

表 3-8　煤矿事故风险识别目录

编码	名称
2A01	煤矿瓦斯事故风险
2A01-01	煤矿瓦斯爆炸事故风险
2A01-02	煤矿瓦斯突出事故风险
2A01-03	煤矿瓦斯窒息、有毒有害气体中毒事故风险
2A01-04	其他瓦斯事故风险
2A02	煤矿顶板事故风险
2A02-01	煤矿冲击地压事故风险
2A02-02	煤矿断层构造事故风险
2A02-03	煤矿应力集中带事故风险
2A02-04	其他顶板事故风险
2A03	煤矿运输事故风险
2A03-01	煤矿运输设备保护事故风险
2A03-02	煤矿一坡三挡事故风险
2A03-03	其他运输事故风险
2A04	煤矿水害事故风险
2A04-01	煤矿老窑、采空区水害事故风险
2A04-02	煤矿地表水事故风险
2A04-03	煤矿构造水事故风险
2A04-04	煤矿防水排水系统事故风险
2A04-05	其他水害事故风险
2A05	煤矿机电事故风险
2A05-01	煤矿供电系统保护风险
2A05-02	煤矿机械运行事故风险
2A05-03	煤矿供电可靠性事故风险
2A05-04	煤矿机电设备失爆风险
2A05-05	其他机电事故风险
2A06	煤矿放炮事故风险
2A06-01	煤矿"一炮三检"事故风险
2A06-02	煤矿爆炸材料存储、管理事故风险
2A06-03	煤矿爆炸材料运输事故风险
2A06-04	其他放炮事故风险

续表

编码	名称
2A07	煤矿火灾事故风险
2A07-01	煤自燃事故风险
2A07-02	煤矿火区管理事故风险
2A07-03	煤矿井下明火作业事故风险
2A07-04	其他火灾事故风险
2A99	煤矿其他事故风险
2A99-01	煤矿坠落事故风险
2A99-02	煤矿粉尘事故风险
2A99-03	煤矿压力容器事故风险

表 3-9　煤矿事故风险采集表

采集单位：　　　　　　　　　　　　　　　　　　　　　采集时间：

基本情况	风险名称					
	风险类别					
	风险编码					
	所在地理位置					
	所处功能区					
	所在辖区（企事业单位或村社区）					
	煤矿企业主要负责人		移动电话		值班电话	
	风险所在地址					
	风险所在乡镇				值班电话	
	行业主管部门				值班电话	

定性描述

	信息点	具体情况
特性	风险描述	
	风险自然属性	
	风险社会特征	
	发生原因（诱因）	
	曾经发生情况	
	应对情况	

定量描述

类别	信息点	具体情况	信息来源
人	风险点及周边区域人员分布情况		
	直接影响人数		
	可能波及人数		

续表

类别	信息点	具体情况		信息来源
经济	煤矿核定生产能力			
	企事业单位个数			
	资产总额/万元			
基础设施	通信设施			
	交通设施			
	供水设施			
	电力设施			
	煤层气设施			
	城市基础设施			
	生活必需品供应场所			
	医疗服务机构			
	其他设施			
自然生态	地理概况			
	矿井基本属性			

影像描述

图	风险区域采掘平面图		
照片	矿井或风险区域通风系统图		
	避灾线路图		
	其他相关矿图		

其他描述

应急管理

组织体系	应急机构名称		工作人员数	
	应急制度名称			
预防控制	风险监测防控设备		监测防控措施	
	应急预案名称			
	应急训练、演练情况（定量）			
应急保障	应急队伍数量		队员人数	
	协议应急队伍情况			
	应急资金数量			
	救护装备储备情况			
	可供应急避难场所情况			
	应急宣传教育培训情况			

表 3-10 风险损害后果计算表

填表单位：　　　　　　　　　　　　　　　　　　　　　　　　　填表时间：

煤矿事故场景设置		发生时间				
		发生地点				
		事件名称				
		发生原因				
		持续时间				
		影响范围				
		事件经过				
		造成的损失（危害）				
		其他描述				
领域	缩写	损害参数	单位	预期损害规模	损害等级	损害规模判定依据
人（M）	M_1	死亡人数	人数			
	M_2	受伤人数	人数			
	M_3	暂时安置人数	人数			
	M_4	长期安置人数	人数			
经济（E）	E_1	直接经济损失	万元			
	E_2	间接经济损失	万元			
	E_3	应对成本	万元			
	E_4	善后及恢复重建成本	万元			
社会（S）	S_1	生产中断	万 t/a(能力)、d(停产时间)			
	S_2	政治影响	影响指标数、时间			
	S_3	社会心理影响	影响指标数、程度			
	S_4	社会关注度	时间、范围			

$Sum = M + E + S$　　　　　　　　　　　损害等级合计数：

　　　　　　　　　　　　　　　　　　　　损害参数总数：

损害后果＝损害等级合计数/损害参数总数　　　损害后果：

表 3-11 风险可能性分析表

填表单位：　　　　　　　　　　　　　　　　　　　　　　　　　填表时间：

指标	释义	分级	可能性	等级	等级值
历史发生概率(Q_1)	过去 10 a 发生此类风险事故的频率,得出等级值	过去 10 a 发生 3 次以上	很可能	5	
		过去 10 a 发生 3 次	较可能	4	
		过去 10 a 发生 2 次	可能	3	
		过去 10 a 发生 1 次	较不可能	2	
		过去 10 a 未发生	基本不可能	1	

指标	释义	分级	可能性	等级	等级值
风险承受能力（Q_2）	组织专家从评估对象自身的风险承受能力（稳定性）来判断发生此类煤矿事故的可能性	承受力很弱	很可能	5	
		承受力弱	较可能	4	
		承受力一般	可能	3	
		承受力强	较不可能	2	
		承受力很强	基本不可能	1	
应急管理能力（Q_3）		应急管理能力很差（60分以下）	很可能	5	
		应急管理能力差（60～69分）	较可能	4	
		应急管理能力一般（70～79分）	可能	3	
		应急管理能力好（80～89分）	较不可能	2	
		应急管理能力很好（90～100分）	基本不可能	1	
专家综合评估（Q_4）	由风险管理单位牵头,不同类型的专家及相关人员参与,通过技术分析、集体会商、多方论证评估得出此类煤矿事故发生可能性		很可能	5	
			较可能	4	
			可能	3	
			较不可能	2	
			基本不可能	1	

$Sum = Q_1 + Q_2 + Q_3 + Q_4$　　　　　　　　等级值合计数:

指标总数:

发生可能性值＝等级值合计数/指标总数　　　　　发生可能性值:

表 3-12　应急管理能力评估标准表

项目	内容	基本要求	分值	评分方法	得分
一、应急机构、设施和制度	机构和设施	①建立应急救援指挥机构和工作机构,配备专职人员开展应急管理工作。②明确应急救援机构职责,包括日常和应急状态下的职责。③井下各巷道及交叉口应有清晰和具有反光功能的路标及避灾线路标识。④采掘工作面设临时避灾硐室,配备通信及压风自救装置。⑤井下设消防材料库。⑥井下有紧急撤离报警系统	10分	未建立机构不得分;机构建立不完善扣2分;人员配置不到位扣1分;第③～⑥项中,1项不符合要求扣2分	
	管理制度	①工作例会制度。②应急职责履行情况检查制度。③重大隐患排查与治理制度。④重大危险源检测监控制度。⑤预防性安全检查制度。⑥应急宣传教育制度。⑦应急培训制度。⑧应急预案管理制度。⑨应急演练和评估制度。⑩应急救援队伍管理制度。⑪应急投入保障制度。⑫应急物资装备管理制度。⑬应急资料档案管理制度。⑭应急救援责任追究和奖惩制度。⑮其他管理制度。	5分	缺1项扣1分;制度内容不完整、缺乏合理性和操作性的,1项扣0.5分;每年至少进行一次管理制度执行情况的专项检查和考核,未实施1项扣1分	

项目	内容	基本要求	分值	评分方法	得分
二、应急救援队伍	专职、兼职应急救援队伍	①建立专(兼)职矿山救护队,不具备建立专职矿山救护队条件的煤矿应与就近的专业矿山救护队签订救护协议。②矿山救护队应严格按照国家相关要求及标准建设。③矿山救护队应实行军事化管理和训练。④矿山救护队按规定配备必需的装备、器材,装备、器材应明确管理职责和制度,定期检查、维护。⑤不具备建立专职矿山救护队条件的煤矿应组建兼职应急救援队伍,并依照计划进行训练	15分	查现场和资料。查阅相关文件、记录、证书、资料,1项不符合要求扣5分;查阅矿山救护队伍组建文件,应组建而未建立专(兼)职应急救援队伍的本大项不得分;查阅救护协议,未签订协议或协议过期扣10分	
三、应急预案管理	应急预案编制	①按照《生产安全事故应急预案管理办法》和AQ/T 9002的规定,结合本煤矿危险源分析、风险评价结果、可能发生的重大事故特点编制安全生产事故应急预案。②应急预案的内容应符合相关法律、法规、规章和标准的规定,要素和层次结构完整、程序清晰、措施科学、信息准确、保障充分、衔接通畅、操作性强	5分	无应急预案不得分;应急预案内容、结构1处不符合要求扣1分;专项应急预案未覆盖重大危险源,每缺1项扣2分;现场处置方案不完整,每缺1项扣0.5分	
	应急预案评审、备案和实施	①依照《生产经营单位生产安全事故应急预案评审指南(试行)》的规定组织对应急预案进行评审。②评审合格的应急预案按照规定程序备案、颁发和实施	3分	查资料。未组织评审的扣3分;未上报备案的扣3分;无颁发和实施的相关文件扣3分	
	应急预案修订	应急预案应按照《生产安全事故应急预案管理办法》的规定进行修订和更新	2分	未按要求修订和更新的不得分	
四、应急培训和演练	宣传教育	制订年度应急宣传教育工作计划,结合实际采取多种形式进行应急宣传教育,普及生产安全事故预防和应急救援知识	4分	查资料。无工作计划或未落实计划的不得分	
	应急培训	①制订年度的应急培训计划,明确培训的时间、对象、目标、方式、方法、内容、师资、场所、管理措施等。②应急培训计划应履行审批程序。③依照批准的培训计划严格实施	6分	查资料。无计划不得分,其他1项不符合要求扣2分	

续表

项目	内容	基本要求	分值	评分方法	得分
四、应急培训和演练	应急演练	①按照《生产安全事故应急演练指南》编制应急演练规划、计划和应急演练实施方案。②应急演练规划应在3个年度内对综合应急预案和所有专项应急预案全面演练覆盖。③年度演练计划应明确演练目的、形式、项目、规模、范围、频次、参演人员、组织机构、日程时间、考核奖惩等内容。④应急演练方案应明确演练目标、场景和情景、实施步骤、评估标准、评估方法、培训动员、物资保障、过程控制、评估总结、资料管理等内容,演练方案应经过评审和批准。⑤依照批准的规划、计划和方案实施演练,应急演练所形成的资料应完整、准确,归档管理	10分	应急演练规划、计划、方案、审批程序、记录,缺1项扣3分;内容不完整,扣1分	
五、应急救援保障	通信与信息保障	①设立应急指挥场所和应急值守值班室,实行24 h应急值守。②应急指挥场所应配备显示系统、中央控制系统、有线和无线通信系统、电源保障系统、录音录像和常用办公设备等。③应急通信网络应与本单位所有应急响应机构、上级应急管理部门和社会应急救援部门的接警平台相连接,并配备技术管理人员进行管理。④应急指挥场所应保持最新的应急响应机构(部门)、人员联系方式。⑤应建立健全应急通信网络应保密、运行维护的管理制度	10分	网络不完整,每缺1项扣0.5分;无联系方式扣2分;其他1项不符合要求扣1分	
	物资与装备保障	①有应急救援需要的设备、设施、装备、工具、材料等物资,建立台账并注明每一类物资的类型、性能、数量、用途、存放位置、管理责任人及其联系方式等信息。②有应急救援物资、装备的管理与维护等保障措施	6分	查现场和资料。缺少必备物资和装备不得分,无台账扣2分;其他1项不符合要求扣0.5分	
	交通与运输保障	①有应急救援需要的交通运输工具、设备及其联系人、联系方式。②有交通和运输能够保障应急的管理措施	3分	查现场和资料。无应急救援交通运输管理清单和管理措施扣1分	
	医疗与救护保障	①设有职工医院的,应组建应急医疗救护专业组,配置必需的急救器材。②未设职工医院、不具备组建应急医疗救护专业组的,应与附近三级以上医疗机构签订应急救护服务协议。③有保障及时出动的方案	4分	查资料。未设医院或未签订协议不得分,其他1项不符合要求扣1分	
	技术保障	建立覆盖应急救援所需各专业的技术专家库	2分	查资料。未建立专家库不得分,缺1个专业扣0.5分	
	经费保障	有可靠的资金渠道,保障应急救援经费使用	3分	查资料。应急经费无法有效保障不得分	
	其他保障	建立应急救援治安维护、后勤服务等保障措施	2分	查资料。无保障措施不得分,措施内容操作性差扣1分	

续表

项目	内容	基本要求	分值	评分方法	得分
六、资料和档案管理	管理责任	①有应急管理资料（图纸）和档案的管理责任人。②有应急管理资料（图纸）和档案的存放地点	3分	查现场和资料。缺1项扣2分	
	资料发放	所有涉及应急管理的文件和资料应及时发放至有关部门	3分	查现场和资料。1处未发放到位扣1分	
	资料管理	①应急管理留存的资料和档案内容真实、管理规范、标识清晰、便于查询。②留存的电子类资料和档案应有特殊管理规定。③应急管理涉密的图纸、资料和档案应有特殊管理规定	4分	查现场和资料。1项不符合要求扣1分	
		合计	100		

表 3-13 煤矿企业风险评估登记表

填表单位：　　　　　　　　　　　　填表时间：

序号	二级编码	风险名称	损害后果	发生可能性	风险等级	信息采集			评估			审核			备注
						单位名称	负责人	时间	单位名称	负责人	时间	单位名称	负责人	时间	

表 3-14 煤矿企业风险管理汇总表

填表单位：　　　　　　　　　　　　填表时间：

风险管理表																				
序号	一级编码（风险类别）	二级编码（风险名称）	风险点（所属区域）	原风险事件						现有风险事件							管理标准	技术措施	管理措施	应急准备
				持续时间	影响范围	风险及其后果描述	风险评估			变化原因	持续时间	影响范围	风险及其后果描述	风险评估						
							损害后果	发生可能性	风险等级					损害后果	发生可能性	风险等级				

3.6　煤矿企业安全生产风险评估报告编制大纲

1　前言

1.1　编制原则

1.2　编制依据

包括政策法规、技术指南、标准规范、其他文件。

2　工作方案

包括工作目标、工作组织、工作原则、时间安排、重点内容、工作步骤、工作要求等。

3　企业情况

3.1　煤矿企业基本信息

3.2　现有安全生产管理、煤矿安全质量标准化、煤矿隐患排查实施情况及效果

4　风险识别

包括风险识别单元(区域)划分情况,企业各生产系统存在的风险情况。

5　风险评估

按煤矿事故风险分类进行评估(持续时间、影响范围、风险及后果描述、损害后果、发生可能性、风险等级、变化原因等)。

6　风险防控

6.1　标准规范

6.2　技术措施

6.3　管理措施

6.4　应急准备

6.5　其他措施

7　煤矿企业安全生产风险综合评估及结论

8　相关建议

9　附件

9.1　表一:风险采集表(及所需相关图件)

9.2　表二:损害后果计算表

9.3　表三:可能性分析表

9.4　图:风险矩阵图

9.5　表四:煤矿企业风险评估登记表

9.6　表五:煤矿企业风险管理汇总表

3.7　本章小结

煤矿企业风险评估是对识别出的风险引发突发事件的可能性和可能受到的损害进行评估,在此基础上对风险进行综合等级评定。风险评估采用矩阵分析法,通过量化分析风险引发突发事件的可能性和损害后果参数,确定可能性值和损害后果值,划分风险的危害等级。通过开展煤矿安全生产风险评估,可以掌握自身安全风险状况,明确安全风险防控措施,为后期的

企业安全风险监管奠定基础,防止事故的发生。同时有利于各级煤矿安全监管部门加强对高风险企业的针对性监督管理,提高管理效率,降低管理成本。本章通过在推行重庆市煤矿风险评估工作过程中的实际经验,为煤矿风险评估提供一种简单可行的风险评估方法,通过不断的改进完善,能够为广大一线技术员所掌握,得到广泛应用。

4 煤矿安全生产瓦斯事故风险管理体系在东林煤矿的应用

目前,国内出现的各种煤矿瓦斯事故灾害风险预控体系的理论,大多进行了瓦斯爆炸事故风险[1-4]、瓦斯突出事故风险[5]、瓦斯窒息中毒事故风险等评估模型[6,7]的建立,瓦斯事故风险综合等级评估[8,9],并逐步与煤矿现有安全管理措施(煤矿隐患排查治理、煤矿安全质量标准化)融合形成一个完整的安全预控管理体系,向着区域一体化[10-14]、连续化管控研究方向发展,展开了事故风险平台构建、应急信息传递与决策[15-20]方面的研究。针对《关于加强突发事件风险管理工作的意见》(渝府发〔2015〕15 号),按照《中华人民共和国安全生产法》、《煤矿安全规程》、《煤矿安全风险预防控管理体系规范》(AQ/T 1093—2011)、《重庆市突发事件风险管理操作指南》等法律法规的要求,以及《重庆市煤矿安全生产风险评估实施细则》,本章以东林煤矿为例,对瓦斯事故风险开展采集识别、风险评估、风险防控的应用研究。

4.1 矿井基本情况

4.1.1 矿井概况

2016 年,东林煤矿有员工 1208 人,矿井原核定生产能力为 45 万 t/a,2016 年 4 月重庆煤监局核定生产能力为 38 万 t/a。东林矿井大致呈南北走向,长 6.95 km,浅部以＋340 m 为界,深部以－600 m 为界,矿区面积 6.0768 km²,工业广场在井田中央,将井田分为南北两翼。矿井开采二叠系龙潭煤系,煤系地层含煤 6 层,可采煤层为 6#、4# 煤层两层(5# 煤层局部可采),6# 煤层平均煤厚 1.3 m,4# 煤层平均煤厚 2.3 m(4# 煤层为主采层),5# 煤层平均煤厚 0.5 m,煤层倾角 18°～90°。两层煤均为突出煤层,矿井选取突出危险性较弱的 6# 煤层作为保护层,4# 煤层为被保护层。

井田内主要地质构造有鸦雀岩－猫岩急折带、猫岩背斜、甘家坪向斜、黑漆岩倒转扭折带和 F_{10}、F_{11} 断层。矿井水文地质情况如下:龙潭组上覆长兴组、下覆茅口组含水层为矿井主要充水水源,近 5 a(含砚石台涌水量)矿井观测数据显示最大涌水量为 1950 m³/h,正常涌水量为 660 m³/h。

矿井以竖井加斜井、暗斜井联合方式开拓,采用对角式通风,水平集中运输大巷由采区石门进入煤层并分采区开采。采煤时采用全部陷落法管理顶板,北翼采取俯伪斜柔性掩护支架采煤法,南翼采取综合机械化采煤方法。

4.1.2 瓦斯灾害情况

(1)瓦斯参数测定情况

根据南桐矿业有限责任公司 2015 年度测定和计算矿井瓦斯涌出量及自燃危险等级鉴定,东林煤矿矿井瓦斯绝对涌出量 23.75 m³/min,相对涌出量 27.91 m³/t;二氧化碳绝对涌出量 9.32 m³/min,相对涌出量 10.95 m³/t,属于煤与瓦斯突出矿井。

（2）瓦斯防治的手段

加强瓦斯抽采管理，减少煤层瓦斯含量；加强通风系统的日常管理和检查，避免出现角联通风；加强瓦斯检查和连续化监测，防止出现瓦斯积聚；杜绝火源，加强电气失爆的检查。

4.1.3　2006—2015 年东林煤矿瓦斯事故

2006 年 8 月 20 日发生瓦斯事故一起，死亡 3 人，造成经济损失 80 万元，如表 4-1 所示。

表 4-1　东林煤矿"2006.8.20"瓦斯事故

事故编码	2A01-02	死亡人数	3
单位名称	重庆南桐矿业有限公司	子企业名称	东林煤矿
区县（自治县）	万盛经济技术开发区	煤矿事故类别	瓦斯突出
事故发生时间	2006 年 8 月 20 日 8 时 40 分	上报时间	2006 年 8 月 20 日 9 时 00 分
事故发生地点	2609 二段－90 m 机巷掘进	致灾原因	地质构造煤层变厚掘进放炮等因素引起应力叠加导致煤与瓦斯突出
煤矿类别	国有中型煤矿	经济类型	有限责任公司

4.2　安全生产管理现状

4.2.1　安全生产质量标准化情况

如表 4-2 所示，2013—2015 年，质量标准化得分均在 90～100 的分值区间。"应急救援" 2016 年度评估得分为 96.67 分，处于 91～100 的分值区间，因此，依据《煤矿安全生产质量标准化标准及考核评级办法》（煤安监行管〔2017〕5 号）、《某市煤矿安全质量标准化基本要求及评分方法实施细则》及其企业考核报告，"应急管理能力"的划分等级值为 1 级。

表 4-2　2013—2015 年安全生产质量标准化评估结果

序号	名称	满分	权重(a_i)	考核得分(M_i)			加权得分		
				2013	2014	2015	2013	2014	2015
1	通风	100	0.18	93.12	95.95	91.86	16.76	17.27	16.53
2	地测防治水	100	0.12	95.18	96.99	95.97	11.42	11.64	11.52
3	采煤	100	0.10	92.140	96.31	91.54	9.21	9.63	9.15
4	掘进	100	0.10	93.50	96.25	92.19	9.35	9.63	9.22
5	机电	100	0.10	90.50	94.86	91.32	9.05	9.49	9.13
6	运输	100	0.09	92.50	95.29	91.67	8.33	8.58	8.25
7	安全管理	100	0.08	95.00	95.29	93.14	7.60	7.62	7.45
8	职业卫生	100	0.08	96.50	96.17	97.17	7.72	7.69	7.77
9	应急救援	100	0.06	95.55	95.67	96.67	5.73	5.74	5.80
10	调度	100	0.05	90.12	94.72	92.99	4.51	4.74	4.65
11	地面设施	100	0.04	94.33	95.17	94.77	3.77	3.81	3.79
	合计	1100		1028.44	1052.67	1029.29	93.45	95.83	93.27

4.2.2 隐患排查实施情况及效果

如表 4-3 所示,2016 年隐患排查出重大隐患(挂牌督办)条数为 3 条(未整改隐患 3 条),一般隐患共计 1269 条,其中瓦斯事故隐患 248 条,应该及时整改一般隐患,加强各类事故风险安全管理和隐患排查力度。

表 4-3　2016 年隐患排查情况

序号	隐患类别	重大隐患/挂牌督办/条	一般隐患/条	未整改/条
1	瓦斯	0	248	0
2	顶板	0	443	0
3	运输	0	213	0
4	水害	1	1	1
5	机电	1	219	1
6	放炮	0	46	0
7	火灾	1	0	1
8	其他	0	99	0
合计		3	1269	3

4.3 瓦斯事故风险识别

煤矿瓦斯事故风险主要包括瓦斯爆炸事故风险、煤与瓦斯突出事故风险、煤矿瓦斯窒息事故风险以及其他瓦斯事故风险,选取前面 3 种作为分析对象。

4.3.1 瓦斯爆炸事故风险

(1)事故危害

瓦斯爆炸产生高温,空气中瓦斯浓度为 9.5% 时,爆炸后气体温度可达 1875~2650 ℃,相应的爆炸压力为 700~1000 kPa;爆炸时产生的高温高压,促使爆源附近的气体以极大的速度向外传播,形成冲击波,造成人员伤亡,破坏巷道和器材设施,扬起大量煤尘使之参与爆炸,还可能引燃坑木等可燃物而引起火灾;爆炸后产生大量有害气体,造成人员中毒致死。

(2)致灾条件

一定浓度的瓦斯(下限 5%~6%,上限 14%~16%),一定温度的引燃火源(650~750 ℃)和足够的氧气含量(氧气浓度在 12% 以上),三者缺一不可。

(3)发生原因

① 井下掘进工作面过于集中,风量不足使局部通风机出现循环风;通风网络中存在角联巷道,风流不稳定,可能处于微风或无风状态;通风设施管理不善,不按需分配风量,巷道因受冲击地压影响造成冒落堵塞,风流短路;局部通风机功率小、随意停开,掘进工作面风筒脱节、漏风、被挤压,而不及时处理;风筒出风口距迎头太远,风量过小,风速低,导致掘进工作面微风作业,致使瓦斯积聚。

② 瓦斯异常涌出。采掘活动中遇到封闭型的地质构造或瓦斯赋存区、揭露采空区,很有可能发生瓦斯异常涌出或高氮低氧区。

③ 瓦斯检查制度执行不严。瓦检工数量不足,瓦检仪不足或检测数据不准;空班、漏检、假检;瓦检工思想与业务素质不高,责任心不强,不按规章制度和操作规程执行,甚至做假记录;瓦斯监控系统不可靠,出现故障处理不及时,不能发挥其作用。

④ 违章爆破。炮眼不装或少装炮泥,甚至用煤粉替代;最小抵抗线不够和爆破母线裸露;在采掘的过程中接近采空区,没有控制住打眼深度或装药量,鼓透采空区,引起瓦斯爆炸;不按规定处理瞎炮,明火放炮引发瓦斯爆炸。

⑤ 电气设备管理不到位或淘汰的机电设备没有进行更换,安全保护性能差;井下照明和机械设备的电源、电气设备不符合规定、疏于管理,电气设备失爆或带电作业产生火花,以及机械摩擦产生火花引爆瓦斯。

⑥ 火灾引发瓦斯事故。采空区和旧巷道封闭不及时,出现残煤自燃发火;采空区密闭漏风,导致采空内自燃火灾;皮带、电缆着火等外因火灾引发瓦斯爆炸。

⑦ 管理上的缺陷,管理不到位,责任制不落实,监督检查力度不足;职工安全意识淡薄,在井下抽烟,违章电气焊等引发瓦斯爆炸。

（4）可能发生的地点

根据 2016 年矿井的地质构造、采掘部署、开采技术、管理水平等实际情况,可能产生瓦斯积聚的地点有:3409 一段工作面采空区,3607 一段采煤工作面上隅角,3404E1 段采煤工作面上隅角,2606E4 段采煤工作面上隅角,3607 一段-190 m 机巷掘进工作面。3404E1 段-134 m 机巷掘进工作面。可能产生火源的地点有:3409 一段工作面采空区,3607 一段采煤工作面上隅角,3404E1 段采煤工作面上隅角,2606E4 段采煤工作面上隅角,3607 一段-190 m 机巷掘进工作面、3404E1 段-134 m 机巷掘进工作面。

综合分析,同时可能具备瓦斯爆炸三个条件,发生瓦斯爆炸事故风险的地点是:2606E4 段回采工作面、3404E1 段-134 m 机巷掘进工作面、3404E1 段回采工作面、3409 一段回采工作面、3607 一段-190 m 机巷掘进工作面、3607 一段采掘工作面。

4.3.2　煤与瓦斯突出事故风险

（1）事故危害

煤与瓦斯突出能使工作面或巷道充满瓦斯,造成窒息和爆炸条件,破坏通风系统,造成风流紊乱或暂时短路时逆转,突出的煤、岩石能堵断巷道,破坏支架、设备和设施。

（2）致灾条件

煤或岩层中天然的或因采掘工作形成的孔洞、裂隙内,如果积存着大量高压游离瓦斯,当采掘工作面接近或沟通这些区域时,高压瓦斯沿着裂隙突然喷出造成突出;在地压作用下,煤层处于弹性变形状态,积蓄着很大段弹性潜能,当采掘工作面接近或进入这些区域时,弹性潜能突然释放,使煤体破碎、抛出而发生突出;地应力、瓦斯(包括瓦斯含量、压力和吸附瓦斯解吸速度等)、重力(主要是指急倾斜煤层)和煤的物理及力学性质综合作用。

（3）发生原因

开采深度增加,瓦斯压力和地应力增大;工作面处于地质构造带,地应力集中;煤层软分层增厚,倾角大,受煤的强度和自重影响;煤层水分低;煤层顶底板坚硬致密厚度较大,地应力较大,瓦斯不易排放;受外力冲击作业等。

（4）可能发生的地点

根据 2016 年矿井的地质构造、采掘部署、开采技术、管理水平等实际情况,受地质构造影响的地点有：3607 一段采煤工作面，3409 一段采煤工作面、2606E4 段采煤工作面；3404E1 段采煤工作面；3607 一段－190 m 机巷掘进工作面。地应力较大、瓦斯不易排放的地点有：3607 一段－190 m 机巷掘进工作面。3607 一段采煤工作面。煤层湿润较差的地点有：3607 一段－190 m 机巷掘进工作面。

综合分析，同时受地质构造影响、地应力集中、瓦斯不易排放，发生煤与瓦斯突出事故风险的地点是：2606E4 段回采工作面、3404E1 段－134 m 机巷掘进工作面、3404E1 段回采工作面、3409 一段回采工作面、3607 一段－190 m 机巷掘进工作面、3607 一段回采工作面。

4.3.3 煤矿瓦斯窒息事故风险

（1）事故危害

盲巷内一般都会积聚瓦斯，如果瓦斯涌出量大或停风时间长，便会积聚大量的高浓度瓦斯，进入盲巷内检查瓦斯和有害气体时，要特别小心谨慎，要防止窒息或中毒事故。

（2）致灾条件

采煤工作面老顶未垮落、悬顶面积大，通风不良造成瓦斯积聚；掘进工作面独头巷道无计划停电停风，造成瓦斯积聚；高冒区通风不良容易积聚瓦斯；突出空洞未通风时里面积聚高浓度瓦斯；瓦斯异常涌出等。

（3）发生原因

未按规定先检查作业地点的瓦斯浓度。职工缺乏安全基本常识，安全意识淡薄，擅自拆开栅栏，进入盲巷；矿井未按《煤矿安全规定》的要求，对盲巷进行密闭；矿井用工制度混乱，对工人培训教育不够，职工自保互保能力差；矿井及公司各级领导，未认真贯彻煤矿安全生产有关法规和精神，日常检查工作不到位。

（4）可能发生的地点

根据 2016 年矿井的地质构造、采掘部署、开采技术、管理水平等实际情况，可能存在通风不良造成瓦斯积聚的地点有：2606E4 段采煤工作面采空区。可能存在无计划停电停风时间长造成瓦斯积聚的地点有：3607 一段－190 m 机巷掘进工作面、3404E1 段－134 m 机巷掘进工作面。可能出现高冒区或突出孔洞未通风的地点有：3607 一段－190 m 机巷掘进工作面。

综合分析，发生瓦斯窒息事故风险的地点是：2606E4 段回采工作面、3404E1 段－134 m 机巷掘进工作面、3404E1 段回采工作面、3409 一段回采工作面、3607 一段－190 m 机巷掘进工作面、3607 一段回采工作面。

4.3.4 其他瓦斯事故风险

（1）事故危害
燃烧产生有毒有害气体、高温、冲击波及次生事故等后果。

（2）致灾条件
① 具有一定浓度的瓦斯。
② 有火源。
③ 有足够的氧气浓度。

（3）发生原因
以上 3 个致灾条件同时存在且保持一定时间。

（4）可能发生的地点

根据 2016 年矿井的地质构造、采掘部署、开采技术、管理水平等实际情况,可能产生瓦斯积聚的地点有:2606E4 段回采工作面、3404E1 段－134 m 机巷掘进工作面、3404E1 段回采工作面、3409 一段回采工作面、3607 一段－190 m 机巷掘进工作面、3607 一段回采工作面。

4.3.5 瓦斯事故风险识别结果

通过系统分析,选取如表 4-4 所示的 10 个典型风险点作为本次瓦斯事故风险评估对象。

表 4-4 东林煤矿瓦斯事故风险识别清单

序号	风险编码	功能区域	风险地理位置	风险类型
1	2A01-01	回采工作面	2606E4 段回采工作面	瓦斯爆炸
2	2A01-01	掘进工作面	3404E1 段－134 m 机巷掘进工作面	瓦斯爆炸
3	2A01-02	回采工作面	3404E1 段－134 m 机巷掘进工作面	瓦斯突出
4	2A01-02	回采工作面	3404E1 段回采工作面	瓦斯突出
5	2A01-02	掘进工作面	3607 一段回采工作面	瓦斯突出
6	2A01-03	回采工作面	2606E4 段回采工作面	瓦斯窒息
7	2A01-03	掘进工作面	3607 一段－190 m 机巷掘进工作面	瓦斯窒息
8	2A01-03	掘进工作面	3607 一段回采工作面	瓦斯窒息
9	2A01-04	回采工作面	2606E4 段回采工作面	瓦斯其他
10	2A01-04	回采工作面	3409 一段回采工作面	瓦斯其他

4.4 瓦斯事故风险评估

4.4.1 风险评估方法及情景模拟

（1）风险评估方法

通过技术分析、实地勘察、集体会商等方式,多方论证确定突发事件发生的可能性、损害后果,采用矩阵分析法,通过量化分析风险引发煤矿风险事故的可能性和损害后果参数,确定可能性和损害后果值,并在矩阵上予以标明,确定风险的危害等级。风险值可表达为:G(风险值)＝I(损害后果值)×P(发生可能性值)。按照风险矩阵将风险可能性 P 量化取值区间为 $[0,5]$,风险损失量 I 量化取值区间为 $[0,5]$,所以煤矿风险事故等级 G 量化取值区间为 $[0,25]$,并将事故风险值均分成四个等级,如表 4-5 所示。

表 4-5 风险矩阵等级表

等级	一般	较大	重大	特大
煤矿事故风险值(G)	0～6.25	6.25～12.50	12.6～18.75	18.76～25.00

（2）瓦斯事故风险情景模拟

为进行瓦斯事故风险评估,首先需要根据东林煤矿的实际情况,对每个风险点的瓦斯事故风险情景进行模拟,如表 4-6 所示。

表 4-6　瓦斯事故风险情景模拟

序号	风险编码	风险名称	情景模拟(场景设置)	备注
1	2A01-01	2606E4 段回采工作面瓦斯爆炸事故风险	20××年××月××日××时××分,东林煤矿一100 m 水平 2606E4 段采煤工作面,采空区悬顶面积大,大量瓦斯积存;老顶来压、大面积下顶,造成瓦斯涌出发生瓦斯爆炸	
2	2A01-01	3404E1 段－134 m 机巷掘进工作面瓦斯爆炸事故风险	20××年××月××日××时××分,东林煤矿一140 m 水平 3404E1 段－134 m 机巷掘进工作面,因瓦斯积聚,造成煤矿瓦斯爆炸事故	
3	2A01-02	3404E1 段－134 m 机巷掘进工作面瓦斯突出事故风险	20××年××月××日××时××分,东林煤矿一140 m 水平 3404E1 段－134 m 机巷掘进工作面,因碛头施工预测兼排放钻孔过程发生煤与瓦斯突出	
4	2A01-02	3404E1 段回采工作面瓦斯突出事故风险	20××年××月××日××时××分,东林煤矿一100 m 水平 3404E1 段采煤工作面,因工作面割煤炭发生煤与瓦斯突出	
5	2A01-02	3607 一段回采工作面瓦斯突出事故风险	20××年××月××日××时××分,东林煤矿一100 m 水平 3607 一段采煤工作面,因回采遇地质构造影响带造成 3607 一段采煤工作面煤与瓦斯突出	
6	2A01-03	2606E4 段回采工作面瓦斯窒息事故风险	20××年××月××日××时××分,东林煤矿一100 m 水平 2606E4 段采煤工作面,因工作面割煤过程中瓦斯涌出,造成工作面瓦斯窒息、有毒有害气体中毒	
7	2A01-03	3607 一段－190m 机巷掘进工作面瓦斯窒息事故风险	20××年××月××日××时××分,东林煤矿一200 m 水平 3607 一段－190 m 机巷掘进工作面,因碛头施工炮眼过程发生瓦斯窒息、有毒有害气体中毒事故	
8	2A01-03	3607 一段回采工作面瓦斯窒息事故风险	20××年××月××日××时××分,东林煤矿一100 m 水平 3607 一段采煤工作面,因回采遇地质构造影响带造成工作面瓦斯窒息、有毒有害气体中毒	
9	2A01-04	2606E4 段回采工作面瓦斯其他事故风险	20××年××月××日××时××分,东林煤矿一100 m 水平 2606E4 段采煤工作面,因局部瓦斯积聚引发瓦斯燃烧事故	
10	2A01-04	3409 一段回采工作面瓦斯其他事故风险	20××年××月××日××时××分,东林煤矿一100 m 水平 3409 一段采煤工作面,因工作面回采过程发生瓦斯燃烧事故	

4.4.2　瓦斯事故风险采集表

东林煤矿 2606E4 段采煤工作面瓦斯爆炸风险采集如表 4-7 所示。

表 4-7 "煤矿瓦斯爆炸事故"风险采集表

基本情况	风险名称	东林煤矿瓦斯事故风险	
	风险类别	煤矿瓦斯爆炸事故风险	
	风险编码	2A01-01	
	所在地理位置	−100 m 水平	
	所处功能区	工业区	
	所在辖区(企事业单位或村社区)	重庆能源南桐矿业责任有限公司	

定性描述			
特性	信息点	具体情况	
	风险描述	2606E4 段采煤工作面瓦斯爆炸	
	风险自然属性	采掘工作面空间瓦斯涌出达到爆炸浓度后爆炸	
	风险社会特征	爆炸后 CO 中毒、冲击波伤人等后果	
	发生原因(诱因)	地质构造、地压、煤层中的瓦斯涌出等	
	曾经发生情况	无	
	应对情况	迅速启动应急预案,井下立即撤人,组织施救,立即向相关部门报告等	

定量描述			
类别	信息点	具体情况	信息来源
人	风险点及周边区域人员分布情况	2606E4 段采煤工作面有作业人员 17 人,周边区域有 2 人	重庆东林煤矿
	直接影响人数	14 人	
	可能波及人数	5 人	
经济	煤矿核定生产能力	38 万 t/a	重庆东林煤矿档案资料
	企事业单位个数	1 个	
	资产总额/万元	26915 万元	

4.4.3 风险损害后果计算表

东林煤矿 2606E4 段采煤工作面瓦斯爆炸损害后果计算如表 4-8 所示。

表 4-8 "瓦斯爆炸事故"风险损害后果计算表

煤矿事故场景设置	发生时间	20××年××月××日××时××分
	发生地点	2606E4 段采煤工作面
	事件名称	2606E4 段采煤工作面瓦斯爆炸
	发生原因	采空区悬顶面积大,大量瓦斯积存;老顶来压、大面积下顶,造成发生瓦斯涌出发生瓦斯爆炸
	持续时间	30 min
	影响范围	−100 m 水平 26 区
	事件经过	20××年××月××日××时××分,发现 2606E4 段采煤工作面瓦斯爆炸
	造成的损失(危害)	死亡 3 人,受伤 19 人,财产损失 4200 万元
	其他描述	井下 152 人作业,安全出地面

续表

领域	缩写	损害参数	单位	预期损害规模	损害等级	损害规模判定依据
人 （M）	M_1	死亡人数	人数	3	3	最多 12 人在工作面作业及巡查
	M_2	受伤人数	人数	19	3	最多 10 人在工作面周边作业及巡查
	M_3	暂时安置人数	人数	80	2	伤、亡人员家属
	M_4	长期安置人数	人数	—	—	无须长期安置人数
经济 （E）	E_1	直接经济损失	万元	500	2	人员伤亡直接损失，损毁的设备和巷道
	E_2	间接经济损失	万元	2500	3	停产停工 2 个月
	E_3	应对成本	万元	500	3	救援开支
	E_4	善后及恢复重建成本	万元	700	2	设备更换，死亡人员赔付
社会 （S）	S_1	生产中断	万 t/a（能力）、 d（停产时间）	38、60	4	渝煤监管〔2013〕83 号文件
	S_2	政治影响	影响指标数、 时间	3 个、48 h 以上	5	影响政府对社会管理，影响公共秩序与安全，媒体负面报道
	S_3	社会心理影响	影响指标数、 程度	2 个、一般	4	给周边居民带来心理影响
	S_4	社会关注度	时间、范围	5 d、国内	3	国内媒体报道

$Sum = M + E + S$

损害等级合计数：34

损害参数总数：11

损害后果 = 损害等级合计数/损害参数总数　　损害后果：3.091

4.4.4　可能性分析表

东林煤矿 2606E4 段采煤工作面瓦斯爆炸风险可能性分析表如表 4-9 所示。

表 4-9　东林煤矿"瓦斯爆炸事故"风险可能性分析表

指标	释义	分级	可能性	等级	等级值
历史发生概率（Q_1）	过去 10 a 发生此类风险事故的频率，得出等级值	过去 10 a 发生 3 次以上	很可能	5	3
		过去 10 a 发生 3 次	较可能	4	
		过去 10 a 发生 2 次	可能	3	
		过去 10 a 发生 1 次	较不可能	2	
		过去 10 a 未发生	基本不可能	1	

指标	释义	分级	可能性	等级	等级值
风险承受能力（Q_2）	组织专家从评估对象自身的风险承受能力（稳定性）来判断发生此类煤矿事故的可能性	承受力很弱	很可能	5	4
		承受力弱	较可能	4	
		承受力一般	可能	3	
		承受力强	较不可能	2	
		承受力很强	基本不可能	1	
应急管理能力（Q_3）		应急管理能力很差	很可能	5	2
		应急管理能力差	较可能	4	
		应急管理能力一般	可能	3	
		应急管理能力好	较不可能	2	
		应急管理能力很好	基本不可能	1	
专家综合评估（Q_4）	由风险管理单位牵头,不同类型的专家及相关人员参与,通过技术分析、集体会商、多方论证评估得出此类煤矿事故发生可能性		很可能	5	4
			较可能	4	
			可能	3	
			较不可能	2	
			基本不可能	1	

$\text{Sum}=Q_1+Q_2+Q_3+Q_4$	等级值合计数:13
	指标总数:4
Q（发生可能性值）＝等级值合计数/指标总数	发生可能性值:3.25

4.4.5　计算风险值

东林煤矿 2606E4 段采煤工作面瓦斯爆炸的风险值计算函数可表达为:G（风险值）＝I（损害后果值）×P（发生可能性值）＝3.091×3.25≈10.046,查表 4-5 风险矩阵表得到其风险等级为"较大风险"。

采用同样方法计算"煤矿瓦斯事故风险采集表"、"煤矿瓦斯事故损害后果计算表"和"煤矿瓦斯事故可能性分析表",最终得到如表 4-10 所示的风险等级值。

表 4-10　东林煤矿瓦斯事故风险等级值

序号	风险编码	风险名称	损害后果值	发生可能性值	风险值	风险等级
1	2A01-01	2606E4 段回采工作面瓦斯爆炸事故风险	3.091	3.25	10.046	较大
2	2A01-01	3404E1 段－134 m 机巷掘进工作面瓦斯爆炸事故风险	2.500	1.75	4.375	一般
3	2A01-02	3404E1 段－134 m 机巷掘进工作面瓦斯突出事故风险	2.400	2.00	4.800	一般
4	2A01-02	3404E1 段回采工作面瓦斯突出事故风险	3.100	3.25	10.075	较大

序号	风险编码	风险名称	损害后果值	发生可能性值	风险值	风险等级
5	2A01-02	3607 一段回采工作面瓦斯突出事故风险	3.200	2.25	7.200	较大
6	2A01-03	2606E4 段回采工作面瓦斯窒息事故风险	2.700	2.75	7.425	较大
7	2A01-03	3607 一段－190 m 机巷掘进工作面瓦斯窒息事故风险	1.700	1.75	2.975	一般
8	2A01-03	3607 一段回采工作面瓦斯窒息事故风险	2.100	2.00	4.200	一般
9	2A01-04	2606E4 段回采工作面瓦斯其他事故风险	2.400	1.75	4.200	一般
10	2A01-04	3409 一段回采工作面瓦斯其他事故风险	2.900	1.75	5.075	一般

4.5 瓦斯事故风险防控措施

4.5.1 煤矿瓦斯爆炸事故

4.5.1.1 管理措施

(1)矿井瓦斯管理

① 建立健全矿井瓦斯管理制度。健全专业机构通瓦科及通风队,并根据矿井实际需求配足专职瓦斯检查工,定期培训;建立瓦斯巡回检查、汇报制度;建立矿长、总工程师每天审阅签署瓦斯日报的制度;建立盲巷、老巷和密闭启封等瓦斯管理规定;建立放炮过程中的瓦斯管理制度;建立排放瓦斯的有关规定,瓦斯装备的使用、管理的有关规定;健全矿井瓦斯抽采、防止煤与瓦斯突出的规定。

② 加强掘进工作面的通风管理。严格局部通风机管理:局部通风机挂牌并指定专人管理,一台局部通风机只准给一个掘进工作面供风,严禁单台局部通风机供多头的通风方式;安设局部通风机的进风巷道所通过的风量,必须大于局部通风机吸风量,保证局部通风机不发生循环风;局部通风机不得随意开停。严格风筒"三个末端"的管理:风筒末端距掘进工作面距离不得大于 8 m(岩巷掘进工作面不得大于 12 m),风筒末端出口风量不得小于 40 m³/min,风筒末端处回风瓦斯浓度不得超过 1%。掘进工作面局部通风机供电的要求:都必须安装"三专两闭锁"设施。

③ 加强盲巷和采空区瓦斯日常管理。避免出现任何形式的盲巷,与生产无关的报废巷道或老巷,必须及时充填或封闭;对于掘进施工的独头巷道,局部通风机必须保持正常运转,临时停工也不得停风;长期停工、瓦斯涌出量较大的岩石巷道必须封闭;凡封闭的巷道,对密闭坚持定期检查,至少每周一次,并对密闭质量、内外压差、密闭内气体成分、温度等进行检测和分析,

发现问题采取措施及时处理;恢复有瓦斯积存的盲巷,或打开密闭,必须编制专门的安全措施,报总工程师批准。

④ 加强排放瓦斯的分级管理。停风区中瓦斯浓度超过1%或二氧化碳浓度超过1.5%,最高瓦斯和二氧化碳浓度超过3%时,必须采取安全措施,控制风流排放瓦斯;停风区中瓦斯浓度或二氧化碳浓度超过3%,必须制定安全排放瓦斯措施,报总工程师批准。

⑤ 加强爆破过程中的瓦斯检查。爆破地点附近20 m以内风流中的瓦斯浓度达到1%时,严禁爆破。严格执行爆破过程中的瓦斯管理,必须严格检查制度,严格执行"一炮三检"和"三人连锁放炮"制度。

(2)瓦斯监测与检查

① 应用KJ101N综合监测系统监控矿井各主要地点瓦斯变化情况。

② 为瓦斯检查员配备光学瓦斯检查仪检查矿井各重要地点瓦斯情况。

4.5.1.2 技术措施

(1)防止瓦斯积聚

① 保证工作面的供风量。合理选择通风系统,正确确定矿井风量,并进行合理分配,使井下所有工作地点都有足够的风量;每一个矿井都必须采用机械通风,主要通风机的安装和使用必须符合《煤矿安全规程》规定;每一个生产水平和每一个采区,都必须布置单独的回风巷,实行分区通风;采煤工作面和掘进工作面都应该采用独立通风;掘进巷道应采用矿井全风压或局部通风机通风,不得采用扩散通风;正确选择构筑物的位置,并加强维护与管理,防止大量漏风。

② 认真进行瓦斯检查与监测。矿井必须建立瓦斯检查制度,采煤工作面和煤巷、半煤巷掘进工作面以及其他瓦斯涌出较大、变化异常的采掘工作面必须有专职瓦斯检查工检查瓦斯,并安设甲烷断电仪;矿井必须完善矿井瓦斯监测监控系统实现24 h连续监控;关于具体的检查地点、允许的瓦斯浓度和超限时应采取的措施,必须要按照《煤矿安全规程》执行。

③ 及时处理局部积存的瓦斯。

(2)防止瓦斯引燃的措施

① 严禁携带烟草和点火物品下井。

② 采掘工作面都必须使用取得产品许可证的煤矿许用炸药和煤矿需用电雷管。

③ 井下使用的机械和电气设备、供电网路都必须符合《煤矿安全规程》规定。

④ 防止机械摩擦火花引燃瓦斯。

(3)限制瓦斯爆炸范围扩大的措施

① 实行分区通风。每一个生产水平和每一个采区,都必须布置单独的回风巷,采煤工作面和掘进工作面都应该采用独立通风。

② 通风系统力求简单。总进风巷与总回风巷布置间距不得太近,以防发生爆炸时风流短路。采区及时封闭。

③ 装有主要通风机的出风井口,应安装防爆门,以防止发生爆炸时通风机被毁,造成救灾和恢复生产的困难。

④ 生产矿井主要通风机必须安装有反风设施,必须在10 min内改变巷道中的风流方向。

⑤ 每年必须由矿井技术负责人组织编制矿井灾害预防和处理计划以及瓦斯爆炸应急救援预案。

4.5.2　煤矿瓦斯突出事故

（1）管理措施

① 编制执行《东林煤矿防治煤与瓦斯突出管理制度》《瓦斯抽采管理制度》。

② 成立"防突工作领导小组"，按照各自职责，有条不紊地开展相关工作。

（2）技术措施

① 实施开采保护层、穿层、本层钻孔预抽煤层瓦斯等区域防突措施。

② 各采掘工作面施工前必须进行瓦斯抽采达标评判。

③ 编制执行各防突采掘工作面的专项防突设计及防突措施。

4.5.3　煤矿瓦斯窒息、中毒事故

（1）管理措施

① 编制执行《东林煤矿通风专业管理制度》。

② 落实《东林煤矿瓦斯防治责任制》。

（2）技术措施

① 应用 KJ101N 综合监测系统监控矿井各主要地点瓦斯变化情况。

② 为瓦斯检查员配备光学瓦斯检查仪检查矿井各重要地点瓦斯情况。

4.5.4　其他瓦斯事故

（1）管理措施

① 编制执行《东林煤矿通风专业管理制度》。

② 落实《东林煤矿瓦斯防治责任制》。

（2）技术措施

① 应用 KJ101N 综合监测系统监控矿井各主要地点瓦斯变化情况。

② 为瓦斯检查员配备光学瓦斯检查仪检查矿井各重要地点瓦斯情况。

4.5.5　应急准备

（1）每年编制或更新矿井煤与瓦斯事故的专项应急救援预案。

（2）建立健全应急救援组织体系，落实组织机构和成员职责；日常加强预防预警工作，一旦发生事故按照应急预案进行应急响应与信息发布，并做好后期处置工作。做好通信与信息保障、应急队伍保障、技术保障、应急物资保障、经费保障，积极组织职工进行应急救援培训和演练。

（3）专项应急预案必须按照危险性程度进行分析，加强事故危险源监控，明确事故预警的条件、方式、方法，建立好信息发布及报告程序，编制事故现场处置措施。按照《煤矿安全规程》规定配备好救援装备和物资。

（4）每年度编制矿井灾害预防和处理计划与《东林煤矿煤与瓦斯事故专项应急预案》，每年度进行矿井全员防灾培训并考试。每季度进行一次复审并执行。

（5）各防突采掘工作面的专项防突设计及防突措施中，编写安全防护措施及避灾路线内容，并进行培训考试。

（6）在作业规程中，编写安全防护措施及避灾路线，并进行培训考试。

4.6　本章小结

（1）通过专家现场踏勘、查阅瓦斯、煤尘爆炸性、煤层自燃发火期等各种鉴定报告，了解2013—2015年质量标准化量化指标，2016年隐患排查的重要危险源识别情况，结合地质报告，选取东林煤矿2606E4段回采工作面瓦斯爆炸事故风险、3404E1段－134 m机巷掘进工作面瓦斯爆炸事故风险、3404E1段回采工作面瓦斯爆炸事故风险等10个风险点作为评估对象。

（2）根据《重庆市煤矿安全生产风险评估实施细则》和《重庆市煤矿安全生产风险管理工作培训教材》的"风险损害后果计算表"和"风险可能性分析表"，组织专家对以上事故风险的进行量化打分，取上限值，最终得到每条风险的值，其中较大瓦斯事故风险4条，一般瓦斯事故风险6条。

（3）在风险防控方面，以历史事故为依据，根据瓦斯事故风险的情景-应对模式，制定了瓦斯爆炸、瓦斯突出、瓦斯窒息和其他瓦斯事故的技术措施、管理措施和应急准备措施。

（4）建议东林煤矿加强对瓦斯事故风险的日常监测、监控，全面落实风险监测、监控措施，根据事故风险的实际变化情况，制定风险更新和预警制度，动态完善重大事故风险监测、监控措施，及时补充完善重大事故风险防范措施；根据实际情况及时补充修改应急预案，进行演练。

参考文献

[1] 曹树刚,王艳平,刘延保,等.基于危险源理论的煤矿瓦斯爆炸风险评价模型[J].煤炭学报,2006,31(4):471-474.

[2] 田水承,李华,陈勇刚.基于神经网络的掘进面瓦斯爆炸危险源安全评价[J].煤田地质与勘探,2005,33(3):19-21.

[3] 袁保清.基于事故树分析的煤矿瓦斯爆炸事故危险源风险管理研究[J].中州煤炭,2014(3):58-61.

[4] 念其锋,施式亮,李润求.煤矿瓦斯爆炸危险性的ANP-SPA评价模型及应用[J].科技导报,2013,31(23):40-44.

[5] 杨力.基于小样本数据的矿井瓦斯突出风险评价[D].合肥:中国科学技术大学,2011.

[6] 黄冬梅,谭云亮,常西坤,等.基于危险源理论的矿井瓦斯事故灰色—模糊综合评价[J].矿业安全与环保,2016,43(1):41-44.

[7] 李亚男,李晨晨.基于层次分析法的煤矿瓦斯事故风险评价模型研究[J].化工管理,2016(3):144-146.

[8] 杨得国,梁爽.基于云模型的煤矿矿井瓦斯风险综合评价研究[J].华中师范大学学报（自然科学版）,2016,50(4):544-550.

[9] 李新春,宋学锋.基于风险控制的煤矿瓦斯事故安全管理体系研究[J].煤矿开采,2019,14(4):96-98.

[10] 郑万波,吴燕清,李先明,等.省级区域煤矿事故风险综合评估方法研究[J].工矿自动化,2016,42(9):23-26.

[11] 郑万波,吴燕清,李先明,等.重庆市煤矿安全生产风险管理关键技术及应用[J].中州煤炭,2016(12):16-21.

[12] 梁子荣,辛广龙,井健.煤矿隐患排查治理、煤矿安全质量标准化与煤矿安全风险预控管理体系三项工作关系探讨[J].煤矿安全,2015,41(7):116-117.

[13] 李光荣,杨锦绣,刘文玲,等.2种煤矿安全管理体系比较与一体化建设途径探讨[J].中国安全科学学报,2014,24(4):117-122.

[14] 孟现飞,宋学峰,张炎治.煤矿风险预控连续统一体理论研究[J].中国安全科学学报,2011,21(8):90-94.

[15] 郑万波,吴燕清,李平,等.ICS架构下的矿山应急指挥通信系统层次模型[J].山东科技大学学报(自然科学版).2015,34(2):86-94.

[16] 郑万波,吴燕清,刘丹,等.矿山应急指挥平台体系层次模型探讨[J].工矿自动化,2015,41(11):69-73.

[17] 郑万波,吴燕清.矿山应急救援指挥综合通信系统设计[J].工矿自动化,2016,42(3):84-86.

[18] 郑万波,吴燕清,李先明,等.基于应急管理机制的矿山应急救援指挥信息传递模型探讨[J].中国安全生产科学技术,2014,10(S):293-299.

[19] 郑万波.矿山应急救援指挥信息沟通及传递网络模型研究[J].现代矿业,2016,32(7):184-186,225.

[20] 郑万波,吴燕清.矿山应急救援装备体系综合集成研讨厅的体系架构模型研究[J].中国安全生产科学技术,2016,12(S1):272-277.

5 煤矿安全生产顶板事故风险管理体系在南桐煤矿的应用

目前,国内开展各种煤矿事故灾害风险预控体系的理论研究[1-5],神华集团、河南省省属煤矿、国投集团、华能集团等单位已开展应用实践[6-8],逐步与煤矿现有安全管理措施(煤矿隐患排查治理、煤矿安全质量标准化)融合,形成一个完整的安全预控管理体系[9-12]。在顶板事故风险评估方面,相关学者开展了煤矿顶板事故风险分析方法[13]、顶板事故安全评价五步法的研究[14],以及顶板事故风险评估研究[15]。本章根据《重庆市煤矿安全生产风险评估实施细则》等规定,以南桐煤矿为例,针对顶板事故风险开展识别采集、风险评估、风险防控的应用研究。

5.1 矿井概况

南桐煤矿隶属于重庆能投集团南桐矿业有限责任公司,位于重庆市万盛经济开发区南桐镇,在册员工总人数 2255 人,其中采掘作业人员 852 人(含采掘管理人员 70 人),井下辅助人员 919 人,地面人员 334 人,辅助管理人员 48 人,科室管理人员 79 人,1 个矿山救护队 23 人。南桐煤矿主要生产主焦煤,设计生产能力核定为 60 万 t/a,扩能后 2012 年 6 月核定生产能力为 120 万 t/a,2016 年 5 月按照渝南矿司发〔2016〕76 号文件规定核定生产能力为 101 万 t/a。

矿井的开拓方式为综合开拓(斜井加立井),主斜井(三级皮带道)提煤、副立井与暗副斜井行人,开采方式为倾斜长壁后退式采煤法。自上而下顺序开采 K1、K2、K3 煤层(K1、K2、K3 是指矿井的 6#层、5#层、4#层),总可采煤层厚度 4.91 m,开采煤层均具有自燃发火倾向和煤尘爆炸危险性,其中 K1、K2、K3 煤层均为突出层,K2 层作为保护层开采,K1、K3 层为被保护层开采。

现生产水平主要为 −200 m、−450 m 水平,生产格局为 5 个采煤队、5 个掘进队。采煤有 6 个工作面,4 个综合机械化采煤队,采用液压支架支护;放炮加手镐采煤 1 个队,采用单体液压支柱支护。掘进有 5 个掘进队,15 个作业工作面,均采用炮掘方式。

5.2 南桐煤矿历史事故和安全管理现状

(1)2006—2015 年死伤事故统计。①2007 年 2 月 2 日,−450 m N 二区装载车场因顶板破碎进行锚杆支护时,未按规定进行临时支护,造成顶板冒落,导致死亡 2 人,经济损失 120 万元。②2008 年 9 月 9 日,−200 m 7507 工作面腰巷以上 27 m 处,老塘顶板冒落,一块大矸石下滑窜入控顶区内将正在割机上方的移溜工撞伤,造成死亡 1 人,经济损失 60 万元。③2011 年 5 月 27 日,−100∼−60 m 水平 6511 S 下段切割上山,处理被放炮冲垮的支柱时,没有执行由下向上、由支护区向空顶区逐根正规支护措施,而是违章直接进入空顶区中上部补打点柱,顶板冒落打伤死者头部导致其死亡,造成经济损失 70 万元。④2013 年 7 月 29 日,7502 一段采煤工作面撤除抬棚支架腿子后,石门基础抬厢未受力(或单边受力),后受采动影响巷道锚索孔壁围岩发生变形,石门所打锚索失效,导致整个石门全部垮塌,造成死亡 2 人、经济损失140 万元。

(2)南桐煤矿安全生产管理现状。①安全生产质量标准化情况。2013—2015 年质量标准化得分均在 90～100 的分值区间,其中"应急救援"2016 年度评估得分为 90.65 分,接近 80～89 的分值区间,应急管理能力的划分宜降到 80～89 分值区间取值。②隐患排查实施情况及效果。2016 年查出一般隐患共计 847 条,其中顶板隐患 216 条。该矿井顶板不稳定,顶板事故多,应该加强这个方面的隐患排查。

5.3 煤矿顶板事故风险

顶板灾害事故多发生在采煤工作面、掘进工作面、巷道维修处、受采动影响的巷道和其他地质构造复杂顶板管理困难的区域。本节选取发生概率较大的采煤工作面和掘进工作面作为评估对象。

(1)采煤工作面顶板事故。①事故危害:顶板垮落造成人员伤亡、工作面和设备损坏、大量资金损失。②致灾条件:顶板破碎,遇地质构造带,煤层松软。③发生原因:支护不及时,不严格执行敲帮问顶工作,失效支护较多,遇顶板周期来压。④可能发生的地点:根据该矿井的实际情况,可能产生采煤工作面顶板事故的地点为各采煤工作面。综合分析,同时可能具备以上条件,发生采面顶板事故风险的地点是:7507 下段、7405 下段、6411 N 下段。

(2)掘进工作面顶板事故。①事故危害:顶板垮落造成人员伤亡、工作面和设备损坏,大量资金损失。②致灾条件:顶板破碎,遇地质构造带,支护不及时,大断面施工。③发生原因:支护不及时,不严格执行敲帮问顶工作,失效支护较多,巷道变形大未及时整改。④可能发生的地点:根据该矿井的实际情况,可能产生采煤工作面顶板事故的地点为各掘进工作面及巷道交叉口。综合分析,同时可能具备以上条件,发生采面顶板事故风险的地点是:－187 m 水平6611 N 下段机巷,－93 m 水平 6611 N 下段风巷、7502 二段风巷。

(3)风险识别结果。通过系统分析,选取南桐煤矿"－450 m 水平 7507 下段采煤工作面顶板事故风险"和"－187 m 水平 6611 N 下段机巷掘进工作面顶板事故风险"2 个典型风险点作为本次顶板事故风险评估对象。

5.4 顶板事故风险评估

煤矿顶板事故风险主要包括煤矿冲击地压事故风险、煤矿断层构造事故风险、煤矿应力集中带事故风险和其他顶板事故风险。

5.4.1 风险评估方法

采用矩阵分析法,通过量化分析风险引发煤矿风险事故的可能性和损害后果参数,确定可能性和损害后果值,并在矩阵上予以标明,最终通过表 5-1 查询确定风险的危害等级。

表 5-1　煤矿事故风险矩阵等级分级表

等级	一般	较大	重大	特大
煤矿事故风险值(G)	0～6.25	6.25～12.50	12.60～18.75	18.76～25.00

5.4.2　顶板事故风险评估

煤矿事故场景模拟：①20××年××月××日××时××分,南桐煤矿－450 m 水平 7507 下段综采煤工作面,因支护失稳,造成顶板冒落,造成顶板事故导致死亡 1 人,支护材料损失,造成 1 人受伤、停产 15 d、直接经济损失 140 万元、间接经济损失 1800 万元。②20××年××月××日××时××分,－187 m 水平 6611 N 下段机巷掘进工作面,因一根支柱失效断裂,导致伪顶垮落,击中下方一名作业工人头部,造成顶板事故,导致支护工人死亡 1 人、停产 15 d、直接经济损失 160 万元、间接经济损失 1500 万元。

(1)风险损害后果计算表

南桐煤矿"－450 m 水平 7507 下段采煤工作面顶板事故风险"风险损失量化分析如表 5-2 所示。

表 5-2　"－450 m 水平 7507 下段采煤工作面顶板事故风险"风险损害后果计算表

领域	缩写	损害参数	单位	预期损害规模	损害等级	损害规模判定依据
人 (M)	M_1	死亡人数	人数	1 人	2	1 名支护人员
	M_2	受伤人数	人数	1 人	1	1 名支护人员
	M_3	暂时安置人数	人数	5 人	1	死亡人员家属
	M_4	长期安置人数	人数	—	—	无须长期安置
经济 (E)	E_1	直接经济损失	万元	140	1	人员伤亡,支护材料损失,设备损坏
	E_2	间接经济损失	万元	1800	2	停产 15 d,0.4 万元/d,停产停工损失
	E_3	应对成本	万元	20	1	救援开支
	E_4	善后及恢复重建成本	万元	180	1	死亡人员赔付,设备维修和更换
社会 (S)	S_1	生产中断	万 t/a(能力)、d(停产时间)	停产 15 d,101 万 t/a	3	渝煤监管〔2013〕83 号文
	S_2	政治影响	影响指标数、时间	24～48 h,2 个指标	4	渝煤监管〔2013〕83 号文
	S_3	社会心理影响	影响指标数、程度	1 个指标;小	2	渝煤监管〔2013〕83 号文
	S_4	社会关注度	时间范围	省内,影响7～30 d	3	渝煤监管〔2013〕83 号文
Sum=$M+E+S$				损害等级合计数:21 损害参数总数:11		
D(损害后果)=损害等级合计数/损害参数总数				损害后果:1.91		

（2）可能性分析表

按照《重庆市煤矿安全生产风险评估实施细则》和参考文献[12]的计算方法，依据过去10 a发生此类风险事故的频率，得出历史发生概率 $Q_1=5$，应急管理能力 $Q_3=2$；组织专家根据评估对象自身的风险承受能力（稳定性）来判断发生此类煤矿事故的可能性，风险承受能力 $Q_2=4$；由风险管理单位牵头，不同类型的专家及相关人员参与，通过技术分析、集体会商、多方论证评估得出此类煤矿事故发生可能性，专家综合评估 $Q_4=4$。Sum$=Q_1+Q_2+Q_3+Q_4$，等级值合计数为15；指标总数为4；Q（发生可能性值）＝等级值合计数/指标总数＝3.75。

（3）风险矩阵图及计算风险值

南桐煤矿"－450 m水平7507下段采煤工作面顶板事故风险"风险值计算函数可表达为：G（风险值）＝P（发生可能性值）$\times I$（损害后果）。因此，其风险值 $G=1.91\times3.75=7.1625$。

（4）风险等级确定

采用相同的计算方法，得出本次煤矿顶板事故风险评估的风险值：①"－450 m水平7507下段采煤工作面顶板事故风险"的风险值 $G=P\times I=1.91\times3.75=7.1625$，查表5-1煤矿事故风险矩阵等级表得到其风险等级值为较大。②"－187 m水平6611 N下段机巷掘进工作面顶板事故风险"的风险值 $G=P\times I=1.8\times3.75=6.75$，查表5-1风险矩阵表得到其风险等级值为较大。

5.5　顶板事故风险防控措施

本节从采煤工作面和掘进工作面风险防控措施、技术措施和应急准备三方面进行分类讨论。

5.5.1　采煤工作面顶板事故风险防控措施

（1）管理措施。①采煤工作面设计要体现高效合理的原则，保证采掘关系正常。②采煤工作面设计长度、推进长度、采煤工作面巷道布置、断面和煤柱尺寸设计要考虑好潜在风险。③作业规程编制要考虑最大限度地降低采煤工作面的安全风险，并具有针对性和可操作性。④定期对采煤工作面顶板、矿压进行监测，做好监测记录，阶段性做好趋势分析及判断，详细设计支护参数，支柱数量必须安全可靠。⑤确保采煤工作面的各类设备、设施齐全可靠，六大系统正常。⑥遇地质变化带、初采、收尾等情况必须编制专项安全技术措施。

（2）技术措施。①作业前，作业人员必须首先由上往下检查顶板、煤壁是否有危岩（活矸），控顶距是否超过作业规程规定，支柱是否失效或缺失等，如发现隐患必须立即进行处理；作业时，作业人员必须加强自保互保工作。②处理危岩（活矸）和伞檐时，任何人不得站在危岩（活矸）和伞檐的正下方，作业人员必须使用长柄工具站在危岩（活矸）和伞檐的上方或侧上方安全地点进行刁放处理；刁放前必须事先喊话，提醒其他人员注意躲避。③在作业期间必须随时坚持做好敲帮问顶工作，作业人员联保。④采面支设的支柱必须迎山有力（支柱迎山角度3°～5°），打紧打稳；底板光滑时，必须凿啄柱窝。⑤采面遇软底时必须使用尼龙小底座或杂木墩踩底；采用板子扛底。⑥采面若遇顶板破碎时或遇"帽盔""剪槽"时，必须使用好木挑板或木挑梁"填平凹处"，保证铰梁接顶平整；且必须在铰梁上端铺设笆折或塑编网全封闭破碎带，并将支柱柱距缩小为0.7 m，或将支柱掺设成丛柱以加强支护顶度和密度。⑦如采面遇大断层或其他大型地质构造带时,根据现场地质变化情况必须另行编制专项措施。⑧必须加强两巷安全出口及煤壁前方 20 m 巷道的支护管理,确保安全出口畅通。

5.5.2　掘进工作面顶板事故风险防控措施

(1)管理措施。①掘进工作面设计要体现高效合理的原则,保证采掘关系正常。②掘进工作面设计长度、推进长度、巷道布置、断面和煤柱尺寸设计要考虑好潜在风险。③作业规程编制要考虑最大限度地降低掘进工作面的安全风险,并具有针对性和可操作性。④定期对掘进工作面顶板、矿压进行监测,做好监测记录,阶段性做好趋势分析及判断,详细设计支护参数,锚杆数量和支护方式必须安全可靠。⑤确保掘进工作面的各类设备、设施齐全可靠,六大系统正常。⑥巷道施工必须符合设计要求,安全条件及地质变化时必须有补充措施。

(2)技术措施。①每班作业前,都必须对现场进行安全评估,发现隐患,及时处理。②巷道开口前,必须对开口点进行锚索或双抬棚进行支护,确保大跨度段支护可靠。③锚杆巷道顶板破碎带时,锚杆支护间排距缩小为 600 mm×600 mm,并使用好锚网、锚梁,必要时采用喷浆支护。④采用架棚支护时,若压力较大,及时缩小支架棚距。⑤煤层巷道掘进煤层松软时,必须采用刹刃等方式控制煤层片帮,防止因煤层抽冒发生冒顶事故。⑥清透巷道掘进时,必须采用刹刃等方式对采空区顶板进行刹刃,防止掉矸伤人。⑦严格按措施要求,使用好临时支护,严禁空顶作业。⑧全岩架棚支护时,必须采用刹刃或锚杆加固的方式,防止放炮打垮金属棚。

5.5.3　技术措施和应急准备

①必须编写煤矿顶板事故的专项应急救援预案。②应急救援必须建立应急组织体系,落实组织机构和成员职责;日常加强预防预警工作,一旦发生事故就按照应急预案进行应急响应与信息发布,并做好后期处置工作。加强通信与信息保障、应急队伍保障、技术保障、应急物资保障、经费保障,积极组织职工进行应急救援培训和演练。③专项应急预案明确专项应急预案中组织机构职责及要点,并编写采区的预防措施,加强事故危险源监控,明确事故预警的条件、方式、方法,建立信息发布及报告程序,编制处置措施、地面和井下指挥及处理措施。按照《煤矿安全规程》规定配备好救援装备和物资。

5.6　本章小结

(1)本章选取南桐煤矿"-450 m 水平 7507 下段采煤工作面顶板事故风险""-187 m 水平 6611 N 下段机巷掘进工作面顶板事故风险" 2 个典型风险点作为本次顶板事故风险评估方法研究对象。

(2)根据《重庆市煤矿安全生产风险评估实施细则》的"风险损害后果计算表"和"风险可能性分析表",组织专家对以上事故风险的进行量化打分,取上限值,最终得到每条风险的值如下:"-450 m 水平 7507 下段采煤工作面顶板事故风险"的风险等级值为较大;"-187 m 水平 6611 N 下段机巷掘进工作面顶板事故风险"的风险值等级值为较大。

(3)在风险防控方面,以历史事故为依据,根据顶板事故风险的情景-应对模式,制定采煤工作面和掘进工作面的管理措施、技术措施和应急准备防控措施。

(4)南桐煤矿 2006—2015 年发生顶板事故 4 起,2014 年、2015 年采煤、掘进和质量标准化得分不高,综合采煤、掘进事故风险识别、评估结果等情况来看,南桐煤矿应提高防范顶板事故风险的警惕,在顶板管理制度、作业规程和技术安全措施制定、贯彻等方面,定期系统地加强检查执行到位情况,做到记录、考核奖惩兑现,提升顶板管理现场执行力度,严格防范顶板事故。

参考文献

[1] 郝贵,刘海滨,张光德.煤矿安全风险预控管理体系[M].北京:煤炭工业出版社,2012.

[2] 国家安全生产监督管理总局.煤矿安全风险预控管理体系规范:AQ/T 1093—2011[S].

[3] 黄冬梅,谭云亮,常西坤,等.基于危险源理论的矿井瓦斯事故灰色—模糊综合评价[J].矿业安全与环保,2016,43(1):41-44.

[4] 朱祝武,王洪彪.基于模糊综合评价法的煤矿职业危害危险源风险评价研究[J].矿业安全与环保,2012,39(2):84-86.

[5] 孟现飞,宋学峰,张炎治.煤矿风险预控连续统一体理论研究[J].中国安全科学学报,2011,21(8):90-94.

[6] 任占昌.风险预控管理在保德煤矿的应用[J].煤矿安全,2014,45(8),234-236.

[7] 罗建军.神华集团上湾煤矿风险预控管理体系的建设与应用上[J].煤炭经济研究,2009(10):100-102.

[8] 郑万波,吴燕清,李先明,等.省级区域煤矿事故风险综合评估方法研究[J].工矿自动化,2016,42(9):23-26.

[9] 梁子荣,辛广龙,井健.煤矿隐患排查治理、煤矿安全质量标准化与煤矿安全风险预控管理体系三项工作关系探讨[J].煤矿安全,2015,41(7):116-117.

[10] 赵振海.煤矿安全风险预控管理体系与质量标准化体系比较探究[J].中国煤炭,2014,40(4):118-121.

[11] 李光荣,杨锦绣,刘文玲,等.2种煤矿安全管理体系比较与一体化建设途径探讨[J].中国安全科学学报,2014,24(4):117-122.

[12] 郑万波,吴燕清,李先明,等.重庆市煤矿安全生产风险管理关键技术及应用[J].中州煤炭,2016(12):16-21.

[13] 李博杨,李贤功,孟英辰,等.基于灰色关联和集对分析的煤矿顶板事故风险分析[J].煤矿开采,2016,21(4):138-141.

[14] 刘玉玲.安全评价五步法在煤矿事故防治中的应用研究[J].安全与环境学报,2012,12(5):247-250.

[15] 王焘.基于危险源理论的采煤工作面风险评价研究[D].西安:西安科技大学,2008.

6 煤矿安全生产运输事故风险管理 体系在红岩煤矿的应用

目前,国内开展各种煤矿运输事故灾害致灾机理和风险识别理论与方法[1-4]、运输事故风险评价体系[5,6]、风险综合评价体系[7-9]、区域风险防控一体化体系建设和应用实践[10-12]。本章按照《中华人民共和国安全生产法》、《煤矿安全规程》、《煤矿安全风险预防控管理体系规范》(AQ/T 1093—2011)、《重庆市突发事件风险管理操作指南》等法律法规及技术标准的要求,根据《重庆市煤矿安全生产风险评估实施细则》,对重庆红岩矿业有限责任公司(简称"红岩煤矿")运输事故风险开展识别煤矿事故风险采集、风险评估、风险防控的应用研究。

6.1 矿井基本情况

6.1.1 矿井概况

红岩煤矿有员工 1239 人,原设计生产能力为 81 万 t/a,2012 核定生产能力为 60 万 t/a,2016 年 4 月底确定生产能力为 50 万 t/a(渝煤发〔2016〕93 号)。红岩井田大致呈南北走向,长10.4 km,浅部以+540 m 为界,深部以±0 m 为界,矿区面积 19.0803 km²,工业广场在井田中央,将井田分为南北两翼。矿井开采二叠系龙潭煤系,煤系地层含煤 6 层,可采煤层为 6#,平均煤厚 1.3 m,煤层倾角 25°~45°。6# 为突出煤层。

红岩煤矿建井时间为 1959 年 7 月。通风方式采用中央抽风式。瓦斯等级为高瓦斯矿井。自燃发火倾向为Ⅱ,发火煤层编号 6#;煤尘爆炸指数为 15.1%~35.2%。水文地质分类复杂。顶底板分类为中等。

井田内主要地质构造有丛林向斜和解家坪背斜。矿井水文地质情况如下:龙潭组、上覆长兴组、下覆茅口组含水层为矿井主要充水水源,主要断层是 F7 和 F32。五年矿井观测的最大涌水量为 1930 m³/h,正常涌水量为 1348 m³/h。

矿井以主平硐、斜井、暗斜井联合方式开拓,采用中央边界抽出式通风,水平集中运输大巷从采区石门进入煤层并分采区开采。采煤方法采取综合机械化采煤方法,采用全部陷落法管理顶板。

6.1.2 开采基本条件

红岩煤矿的开采条件如表 6-1 所示。

表 6-1 红岩煤矿开采基本条件

建井时间	1959 年 7 月		
设计生产能力	81 万 t/a	核定生产能力	50 万 t/a
瓦斯等级	煤与瓦斯突出	水文地质类别	复杂
开拓方式	平硐+斜井	采煤方法	综合机械化

可采煤层及厚度	6[#]煤层,平均煤厚 1.3 m		
煤层自燃发火倾向	Ⅱ类	矿井最大涌水量/(m³/h)	1930
运输方式	串车	通风方式	中央边界抽出式
生产水平/m	+180 m、±0 m		
采区	共5个		
采煤工作面	共3个,其中:综采3个,机采0个,炮采0个		
掘进工作面	共6个,其中:综掘0个,炮掘6个		

6.2 安全生产回顾及现状

6.2.1 2006—2015 年死伤事故统计

(1)红岩煤矿"2006.8.3"运输事故(表6-2)

2006 年 8 月 3 日,一人在主井爬乘箕斗与定容仓撞击头部死亡,直接经济损失 50 万元。应采取加强员工培训的措施,严禁爬乘箕斗。

表 6-2　红岩煤矿"2006.8.3"运输事故

事故编码	2C01	死亡人数	1
单位名称	重庆南桐矿业公司	子企业名称	红岩煤矿
区县(自治县)	万盛区	煤矿事故类别	运输事故
事故发生时间	2006 年 8 月 3 日	上报时间	2006 年 8 月 3 日
事故发生地点	主井	致灾原因	爬乘箕斗与定容仓撞击头部
煤矿类别	国有中型煤矿	经济类型	有限公司

(2)红岩煤矿"2006.10.11"运输事故(表6-3)

2006 年 10 月 11 日,+180 m 大巷 2601 石门口,一人推矿车时,被机车撞下道,与巷帮管挤压,死亡 1 人,造成经济损失 51 万元。应严格执行行车不行人的规定,明确规定矿车的运行范围及人员推车范围。

表 6-3　红岩煤矿"2006.10.11"运输事故

事故编码	2C02	死亡人数	1
单位名称	重庆南桐矿业公司	子企业名称	红岩煤矿
区县(自治县)	万盛区	煤矿事故类别	运输事故
事故发生时间	2006 年 10 月 11 日	上报时间	2006 年 10 月 11 日
事故发生地点	+180 m 大巷 2601 石门口	致灾原因	推车时被机车撞下道,与巷帮管挤压胸、臀部
煤矿类别	国有中型煤矿	经济类型	有限公司

(3)红岩煤矿"2007.7.17"运输事故(表6-4)

2007 年 7 月 17 日,2606N4 切角机头,循环溜子机头与顺槽溜子之间挤压,死亡 1 人,造成经济损失 60 万元。应采取在溜子机头与顺槽之间设置警示牌板和隔离网的措施。

表 6-4 红岩煤矿"2007.7.17"运输事故

事故编码	2C03	死亡人数	1
单位名称	重庆南桐矿业公司	子企业名称	红岩煤矿
区县(自治县)	万盛区	煤矿事故类别	运输事故
事故发生时间	2007 年 7 月 17 日	上报时间	2007 年 7 月 17 日
事故发生地点	2606N4 切角机头	致灾原因	循环溜子机头与顺槽溜子之间挤压
煤矿类别	国有中型煤矿	经济类型	有限公司

(4)红岩煤矿"2008.3.4"运输事故(表 6-5)

2008 年 3 月 4 日,+360 m 管子井人车场,爬乘运行中人车被车厢与巷帮挤压致死 1 人,造成经济损失 75 万元,应加强员工培训,严禁爬乘运行中的人车。

表 6-5 红岩煤矿"2008.3.4"运输事故

事故编码	2C04	死亡人数	1
单位名称	重庆南桐矿业公司	子企业名称	红岩煤矿
区县(自治县)	万盛区	煤矿事故类别	运输事故
事故发生时间	2008 年 3 月 4 日	上报时间	2008 年 3 月 4 日
事故发生地点	+360 m 管子井人车场	致灾原因	爬乘运行中人车被车厢与巷帮挤压
煤矿类别	国有中型煤矿	经济类型	有限公司

(5)红岩煤矿"2008.3.24"运输事故(表 6-6)

2008 年 3 月 24 日,+180 m 水平北大巷,一人行走道心被运行中的机车撞倒压死,死亡 1 人,造成经济损失 76 万元,应加强员工培训,班前会筛查员工精神状态,确保不疲劳驾驶。

表 6-6 红岩煤矿"2008.3.24"运输事故

事故编码	2C05	死亡人数	1
单位名称	重庆南桐矿业公司	子企业名称	红岩煤矿
区县(自治县)	万盛区	煤矿事故类别	运输事故
事故发生时间	2008 年 3 月 24 日	上报时间	2008 年 3 月 24 日
事故发生地点	+180 m 水平北大巷	致灾原因	行走道心被运行中的机车撞倒压死
煤矿类别	国有中型煤矿	经济类型	有限公司

6.2.2 安全生产管理现状

(1)安全生产质量标准化情况(表 6-7)

表 6-7 2013—2015 年安全生产质量标准化评估结果

序号	名称	满分	权重	考核得分			加权得分		
				2013	2014	2015	2013	2014	2015
1	通风	100	0.18	92.00	92.00	92.50	16.560	16.560	16.650
2	地测防治水	100	0.12	92.50	93.00	94.00	11.100	11.160	11.280
3	采煤	100	0.10	93.50	94.00	94.50	9.350	9.400	9.450

序号	名称	满分	权重	考核得分			加权得分		
				2013	2014	2015	2013	2014	2015
4	掘进	100	0.10	91.00	91.50	92.00	9.100	9.150	9.200
5	机电	100	0.10	90.00	90.50	91.00	9.00	9.050	9.100
6	运输	100	0.09	93.00	93.50	94.00	8.370	8.415	8.460
7	安全管理	100	0.08	93.50	94.00	94.50	7.480	7.520	7.560
8	职业卫生	100	0.08	95.00	95.50	96.00	7.60	7.640	7.680
9	应急救援	100	0.06	95.00	95.50	96.00	5.70	5.730	5.760
10	调度	100	0.05	95.50	96.00	96.50	4.775	4.800	4.825
11	地面设施	100	0.04	96.00	96.50	97.00	3.840	3.860	3.880
	合计	1100		1027.00	1032.00	1038.00	92.875	93.285	93.845

2013—2015 年质量标准化得分均在 90~100 的分值区间。"应急救援"2016 年度评估得分为 96 分,因此,应急管理能力的划分宜在 91~100 分值区间取值。

（2）隐患排查实施情况及效果（表 6-8）

表 6-8　2016 年隐患排查情况

序号	隐患类别	重大隐患/挂牌督办/条	一般隐患/条	未整改/条
1	瓦斯	0	389	4
2	顶板	0	311	5
3	运输	0	108	0
4	水害	0	11	0
5	机电	0	256	2
6	放炮	0	28	0
7	火灾	0	0	0
8	其他	0	67	0
	合计	0	1170	11

2016 年隐患排查出重大隐患（挂牌督办）条数为 0 条,一般隐患共计 1170 条（未整改隐患 11 条）。其中其他事故隐患 67 条,应该及时整改隐患,加强各类事故风险安全管理和隐患排查力度。

6.3　煤矿运输事故风险识别

煤矿运输事故风险主要包括煤矿运输设备运行保护事故风险,煤矿一坡三挡事故风险,以及其他运输事故风险。应确定风险具体类别,进行系统归类。

6.3.1　煤矿运输设备运行、保护事故风险

（1）事故危害

运输设备运行、保护过程中,断绳、物料车相撞等情况会造成设备损坏、斜坡设施损坏、人

员受伤或死亡。

（2）致灾条件

设备选型不合理，巷道断面不能满足运输要求，设备老化更新不及时，职工违章操作。

保护失效、信号工选择铁道路线错误，司机未认真观检视频及钢绳运行情况，司机进班未试验保护装置或绞车带病作业。

（3）发生原因

① 特种作业人员安全意识淡薄，麻痹大意，没有牢固树立"安全第一"的思想，违反了"三大规程"及有关安全规定，违章指挥、违章操作时有发生。

② 特种作业人员文化程度参差不齐，掌握特种作业技术不娴熟。人员文化基础差，工作无长期打算，学习业务技术的积极性差，安全素质低，给机电运输安全带来了极大隐患。

③ 指令性的临时工顶替上岗。由于代岗人员顶替时间短，对顶替工种操作熟练程度差，缺乏顶岗前的安全培训，产生违章指挥和盲目操作双重不安全因素。

④ 特种作业人员的频繁调换、岗位的调整，给安全埋下隐患。特种作业人员大都是经过当地劳动部门或供电部门专业培训取得操作合格证后作业者，对他们的工种不宜随意予以变动。但是，矿山某些技术性工种，有些企业领导不去考虑学识水平，不讲究用工要求，而是当做好工种，并通过人情关系把一些不合格的人员充塞进去，加之一些人员不钻研技术业务，违章违纪现象比较突出，给安全埋下隐患。另外，临时性工作调整时的安全培训工作没有及时到位也带来了安全隐患。

⑤ 安全基础工作薄弱，安全可靠性差。一是安全投入不足，考核不严，运输标准化工作难以到位；二是特种作业人员的安全培训教育不够，特别是用人体制的进一步改革并岗之后，职工都在满负荷甚至超负荷状态下工作，有的岗位还打破了 8 h 工作制做连班，要抽出人员进行脱产培训的确很难。因业务培训难以组织或组织的成效不大，从而使工人不能得到很好的培训，技术素质得不到提高。

⑥ 安全制度不严，遗留安全隐患。一是岗位责任制不健全，对某些工作相互扯皮，隐患得不到及时整改落实；二是安全制度执行不严，对安全考核不够严厉，安全奖罚不及时兑现，影响了管理人员反"三违"的积极性；三是对事故处理未严格按"三不放过"原则分析处理，处罚太轻甚至层层保护，不严肃追究责任，职工受不到教育，防范措施不到位，结果是事故重复发生。

（4）可能发生的地点

根据该矿井的地质构造、采掘部署、开采技术、管理水平等实际情况，可能发生的地点有：+360 m 红岩主平硐、矸石斜井、主井、副井。

6.3.2 煤矿一坡三挡事故风险

（1）事故危害

一坡三挡事故发生后，不能阻挡自行滑动的车辆，造成设备损坏、斜坡设施损坏、人员受伤或死亡。

（2）致灾条件

设备选型不合理，设备老化更新不及时，职工违章操作。斜坡提升为平车场，平巷阻车器损坏或未自动复位，斜坡闭门式挡车栏损坏或未关闭，平巷有人作业未管自行滑行的矿车。

（3）发生原因

① 设备的不安全状态。设备存在严重缺陷,包括钢丝绳强度不够,矿车与轨道配合缺陷或质量不好,防跑车装置和绞车制动失灵等。

② 人的不安全行为。包括操作人员缺乏安全知识,绞车司机、把钩工工作失职,违章操作。

③ 安全管理缺陷。如对设备使用管理不善,检查、监督系统不健全等。

（4）可能发生的地点

分析该矿井的地质构造、采掘部署、开采技术、管理水平等实际情况,可能发生的地点有:矸石斜井、主井、副井。

综合分析,斜坡为平车场,有无关作业人员,平巷阻车器易损坏或未自动复位,最有可能发生一坡三挡事故风险的地点是:矸石斜井主提升系统。

6.3.3 其他运输事故风险

（1）事故危害

其他运输事故(如人力推车),能造成设备损坏、斜坡设施损坏、人员受伤或死亡。

（2）致灾条件

铁道坡度大于 7‰、员工放飞车,过风门、弯道、岔道,人员推车站位、材料装车不牢固或不平衡等。

（3）发生原因

员工在过风门、弯道、岔道,坡度较大时未控制推车速度及发出警号,或放飞车,或人员推车站位、材料装车不牢固或不平衡等。

（4）可能发生的地点

根据该矿井的地质构造、采掘部署、开采技术、管理水平等实际情况,可能发生的地点有3603 一段风巷掘进工作面、3603 二段机巷掘进工作面。

综合分析,风门、弯道、岔道等最有可能发生一坡三挡事故风险的地点是:3603 一段风巷掘进工作面、3603 二段机巷掘进工作面。

6.3.4 风险识别结果

通过系统分析,选取红岩煤矿 3603 二段机巷掘进工作面煤矿运输事故风险和矸石斜井提升系统的"一坡三挡"事故风险这 2 个典型风险点作为本次运输事故风险评估对象。

6.4 运输事故风险评估

煤矿运输事故风险主要包括煤矿运输设备保护事故风险、煤矿一坡三挡事故风险和其他运输事故风险。

6.4.1 风险评估方法

通过技术分析、实地勘察、集体会商等方式,多方论证确定突发事件发生的可能性、损害后果。采用矩阵分析法,通过量化分析风险引发煤矿风险事故的可能性和损害后果参数,确定可能性和损害后果值,并在矩阵上予以标明,确定风险的危害等级(表 6-9)。

表 6-9　风险矩阵等级表

等级	一般	较大	重大	特大
煤矿事故风险值(G)	0~6.25	6.25~12.50	12.60~18.75	18.76~25.00

6.4.2　运输事故风险评估

(1)运输事故风险采集表

情景模拟:①20××年××月××日××时××分,红岩煤矿 3603 二段机巷掘进工作面,人力推车过弯时矿车侧翻,保护设备失效,压死 1 名操作工,撞伤 1 人,造成煤矿运输事故。②20××年××月××日××时××分,红岩煤矿矸石斜井提升系统的"一坡三挡"设备保护不全、维护检修不到位,造成跑车事故,造成 1 人死亡 2 人受伤事故。

红岩煤矿 3603 二段机巷掘进工作面运输事故风险采集如表 6-10 所示。

表 6-10　红岩煤矿 3603 二段机巷掘进工作面运输事故风险采集表

基本情况	风险名称	3603 二段机巷掘进工作面运输事故风险	
	风险类别	煤矿运输事故	
	风险编码	2A03-1	
	所在地理位置	3603 二段机巷掘进工作面	
	所处功能区	工业区	
	所在辖区(企事业单位或村社区)	重庆市万盛区丛林镇	
定性描述			
	信息点	具体情况	
特性	风险描述	3603 二段机巷人力推车矿车侧翻	
	风险自然属性	运输事故	
	风险社会特征	造成人员伤亡、经济财产损失	
	发生原因(诱因)	铁道未按规定铺设,坡度较大致使矿车速度过快	
	曾经发生情况	2006—2015 年发生突发事件 4 次。2006 年 8 月 3 日,人员爬乘箕斗与定容仓撞击,死亡 1 人;2007 年 7 月 17 日,2606N4 切角机头,循环溜子机头与顺槽溜子之间挤压,死亡 1 人;2008 年 3 月 4 日,+360 m 管子井人车场,人员爬乘运行中的人车,被挤死 1 人;2008 年 3 月 24 日,+180 m 水平北大巷,人员行走道心被运行中的机车撞到,死亡 1 人	
	应对情况	迅速启动应急预案,井下立即撤人,组织施救,立即向相关部门报告	
定量描述			
类别	信息点	具体情况	信息来源
人	风险点及周边区域人员分布情况	工作面内有工作人员 10 人	重庆市南桐矿业公司红岩煤矿
	直接影响人数	10 人	
	可能波及人数	6 人	

类别	信息点	具体情况	信息来源
经济	煤矿核定生产能力	50万 t/a	重庆市南桐矿业公司红岩煤矿档案资料
	企事业单位个数	0	
	资产总额/万元		
基础设施	通信设施	固定电话、移动电话、传真、网络等	重庆市南桐矿业公司红岩煤矿实地走访、现场统计
	交通设施	客运班车	
	供水设施	自然压差管道供水	
	电力设施	两回路变压器	
	煤层气设施	水环式真空泵及移动抽放泵	
	城市基础设施	工业广场办公大楼及联络大桥	
	生活必需品供应场所	物资供应库房	
	医疗服务机构	救护队及医疗负责人	
	其他设施	无	

（2）风险损害后果计算表

红岩煤矿 3603 二段机巷掘进工作面煤矿运输事故的损害后果计算表如表 6-11 所示。

表 6-11　红岩煤矿煤矿运输事故风险损害后果计算表

煤矿事故场景设置（此场景为假定场景）		发生时间		20××年××月××日××时××分		
		发生地点		三水平,三采区,3603 二段机巷掘进工作面		
		事件名称		3603 二段机巷掘进工作面运输事故		
		发生原因		铁道铺设不达标致使矿车速度过大		
		持续时间		1 min		
		影响范围		三个采区		
		事件经过		20××年××月××日××时××分,人力推车过弯时,矿车侧翻压死 1 名职工,1人受伤。		
		造成的损失		死亡1人,直接经济损失 100 万元,间接经济损失 1350 万元		
		其他描述		无		

领域	缩写	损害参数	单位	预期损害规模	损害等级	损害规模判定依据
人（M）	M_1	死亡人数	人数	1	2	1 名工人
	M_2	受伤人数	人数	1	1	1 名辅助人员
	M_3	暂时安置人数	人数	—	—	矿井人员
	M_4	长期安置人数	人数	—	—	无须长期安置人员
经济（E）	E_1	直接经济损失	万元	100	1	直接人员伤亡,设备损失,罚款
	E_2	间接经济损失	万元	1350	2	停产停工,人员开支
	E_3	应对成本	万元	50	1	救援开支
	E_4	善后及恢复重建成本	万元	200	1	恢复、赔偿、设备更换

续表

领域	缩写	损害参数	单位	预期损害规模	损害等级	损害规模判定依据
社会(S)	S_1	生产中断	t/a(能力)、d(停产时间)	50万 t/a 0.28万 t/d, 7 d	3	渝煤监管〔2013〕83号文件
	S_2	政治影响	影响指标数、时间	3个指标,24 h	4	影响政府工作人员正常工作秩序,影响政府对社会管理,影响公共秩序与安全
	S_3	社会心理影响	影响指标数、程度	2个指标,一般	4	给周边居民带来心理影响
	S_4	社会关注度	时间范围	全市,1~7 d	2	市内媒体报道
Sum=M+E+S				损害等级合计数:21 损害参数总数:10		
D(损害后果)=损害等级合计数/损害参数总数				损害后果:2.1		

(3)可能性分析表

红岩煤矿3603二段机巷掘进工作面煤矿运输事故的可能性分析表如表6-12所示。

表6-12 红岩煤矿煤矿运输事故风险可能性分析表

指标	释义	分级	可能性	等级	等级值
历史发生概率(Q_1)	过去10 a发生此类风险事故的频率,得出等级值	过去10 a发生3次以上	很可能	5	5
		过去10 a发生3次	较可能	4	
		过去10 a发生2次	可能	3	
		过去10 a发生1次	较不可能	2	
		过去10 a未发生	基本不可能	1	
风险承受能力(Q_2)	组织专家从评估对象自身的风险承受能力(稳定性)来判断发生此类煤矿事故的可能性	承受力很弱	很可能	5	4
		承受力弱	较可能	4	
		承受力一般	可能	3	
		承受力强	较不可能	2	
		承受力很强	基本不可能	1	
应急管理能力(Q_3)	2013—2015年安全生产质量标准化评估结果的"应急救援"取值	应急管理能力很差(60分以下)	很可能	5	1
		应急管理能力差(60~69分)	较可能	4	
		应急管理能力一般(70~79分)	可能	3	
		应急管理能力好(80~89分)	较不可能	2	
		应急管理能力很好(90~100分)	基本不可能	1	

指标	释义	分级	可能性	等级	等级值
专家综合评估（Q_4）	由风险管理单位牵头，不同类型的专家及相关人员参与，通过技术分析、集体会商、多方论证评估得出此类煤矿事故发生可能性		很可能	5	4
			较可能	4	
			可能	3	
			较不可能	2	
			基本不可能	1	

$Sum=Q_1+Q_2+Q_3+Q_4$

等级值合计数：14
指标总数：4

Q（发生可能性值）＝等级值合计数/指标总数

发生可能性值：3.5

（4）计算风险值及风险等级

① 红岩煤矿 3603 二段机巷掘进工作面煤矿运输事故的风险值为 7.35，查表 6-9，得到其风险等级为较大。

② 红岩煤矿矸石斜井提升系统的"一坡三挡"事故风险的风险值 $G=P\times I=2.1\times3.0=6.3$，查表 6-9，得到其风险等级为较大。

6.5 运输事故风险防控措施

本节针对煤矿运输设备保护事故风险、煤矿"一坡三挡"事故风险和其他运输事故风险，有的放矢地制定防控措施。

6.5.1 煤矿运输设备保护事故风险

（1）管理措施

① 深刻吸取矿井运输事故教训，提高对加强运输管理重要性和紧迫性的认识，完善机构，落实责任，牢固树立"安全第一"的思想。

② 抓好干部队伍建设。强化基层管理和责任，提高干部队伍的管理水平。

③ 进一步更新观念，从强化设备、技术等基础管理入手，积极探索导致运输设备保护事故深层次原因，及时处理和修改措施。

④ 强化员工培训，尤其是对实施新工艺、新技术或者使用新设备、新材料时的有针对性的安全培训以及实操训练。

⑤ 定期对员工培训运输设备保护试验及其在生产过程起到的作用，定期实操考试。

（2）技术措施

① 要进一步认真落实提升设备、设施的定期检测检验和日常检查管理工作。

② 建立设备入井检验制度、设备定期检查制度、各种安全装置定期试验制度。

③ 严格按规定进行斜井提升系统的各种保险装置，各级管理检查时应试验绞车各种保险装置，查看设备完好及性能情况。

④ 加强对绞车、罐笼、人车、钢丝绳等设备的日常检测，发现安全隐患及时整改，确保人员升降的安全。

⑤ 严厉打击违章行为，加强运输安全源头人员管理，坚决杜绝违章作业。

6.5.2 煤矿"一坡三挡"事故风险

(1)管理措施

① 深刻吸取矿井运输事故教训,提高人员对加强运输管理重要性和紧迫性的认识,完善机制,落实责任,牢固树立"安全第一"的思想。

② "一坡三挡"装置要操作灵活、挡车可靠,各连接件应完好紧固。

③ 各生产、辅助单位是"一坡三挡"的现场管理、使用单位,对本单位管辖范围内的运行等负直接责任。

④ 强化员工培训,尤其是"一坡三挡"实操训练。让员工认识到"一坡三挡"就是为保证煤矿轨道运输安全,用以防止发生跑车事故而使用的预防和防止手段。

(2)技术措施

① 各生产、辅助单位把钩工负责对本区段安设的"一坡三挡"装置进行操作、检查维修和管理。

② 运输科技术管理人员检查安排人员对各区段"一坡三挡"装置做不定期(每周的检查次数不得低于一次)的检查。

③ 挡车装置必须经常关闭,放车时方准打开。兼作行驶人车的倾斜井巷,在提升人员时,倾斜井巷中的挡车装置和跑车防护装置必须是常开状态,并可靠地锁住。

④ 当班提升任务完成后,各区段的把钩工应检查各自区段的阻车器、挡车网、挡车门是否处于关闭状态,挡车桩是否稳固,确认无误后,方可离开工作岗位。

⑤ 严厉打击违章行为,加强运输安全源头人员管理,坚决杜绝违章作业。

6.5.3 其他运输事故风险

(1)管理措施

① 深刻吸取矿井运输事故教训,提高人员对加强运输管理重要性和紧迫性的认识,完善机制,落实责任,牢固树立"安全第一"的思想。

② 加强用工管理,科学安排岗位人员,杜绝违章指挥。

③ 加强从业人员安全培训教育,抓好日常安全教育,树立良好的工作习惯,规范职工行为。

④ 建立健全切实可行的管理制度。

⑤ 加强作业场所环境安全打造,严格执行不安全不生产制度。

⑥ 加强人车、机车、矿车、小绞车和钢丝绳的检查维修,保持完好,降低事故率。

(2)技术措施

① 规范人力推车操作以及各运输操作标准,严格执行各种安全技术措施。

② 严把运输轨道的敷设质量关,彻底解决轨道质量不合格。

③ 严格按平巷运输管理相关规定、乘人管理规定、运输巷道中行人注意事项等执行。

④ 加强设备性能检查测试,对不合格设备严禁使用。

⑤ 严厉打击违章行为,加强运输安全源头人员管理,坚决杜绝违章作业。

6.5.4 应急准备

(1)坚持以人为本、保护人员安全优先的原则。发生安全伤亡事故时,必须以最快的速度实施救援和处置。

（2）现场的人员要采取措施对危险和危害因素进行控制,坚持积极抢救、控制事故蔓延优先的原则。

（3）事故现场的人员应根据实际情况,坚持自救互救、通讯畅通的原则。发生重大事故时,相关人员应坚守岗位,保持联系方式通信畅通,事故现场人员积极开展自救互救。

（4）坚持统一指挥、高效协调的原则。

（5）坚持利于恢复生产的原则。

6.6　本章小结

（1）通过专家现场踏勘、查阅各种鉴定报告,了解 2013—2015 年质量标准化量化指标,2016 年隐患排查的重要危险源识别情况,结合地质报告,将红岩煤矿 3603 二段机巷掘进工作面运输事故典型风险点作为本次运输事故风险评估对象。

（2）根据《重庆市煤矿安全生产风险评估实施细则》和《重庆市煤矿安全生产风险管理工作培训教材》的"风险损害后果计算表"和"风险可能性分析表",组织专家对以上事故风险的进行量化打分,取上限值,最终得出红岩煤矿 3603 二段机巷掘进工作面运输事故的风险等级为较大,红岩煤矿矸石斜井提升系统的"一坡三挡"事故风险的风险等级为较大。

（3）在风险防控方面,以历史事故为依据,根据运输事故风险的情景-应对模式,制定了煤矿运输设备保护事故风险、煤矿"一坡三挡"事故风险和其他运输事故风险的防控措施。

（4）2006—2015 年红岩煤矿运输事故较多,2006 年和 2008 年各发生过 2 次,建议红岩煤矿加强对运输事故风险的日常监测、监控,全面落实风险监测、监控措施根据事故风险的实际变化情况,制定风险更新和预警制度,动态完善重大事故风险监测、监控措施,及时补充完善重大事故风险防范措施;根据实际情况及时补充修改应急预案,进行演练。

参考文献

[1] 国家安全生产监督管理总局.煤矿安全风险预控管理体系 规范:AQ/T 1093—2011[S].

[2] 苟灵超.对加强煤矿机电运输设备管理的研究[J].甘肃科技纵横,2015,44(9):54-55,62.

[3] 牛友胜,杨杰,张雷.煤矿运输存在的事故及防范策略探究[J].山东工业技术,2015(6):249.

[4] 张杰.煤矿机电运输安全管理及隐患预防分析[J].科技展望,2015(11):98.

[5] 王录苹.哈拉沟矿本质安全评价指标体系研究[D].包头:内蒙古科技大学,2013.

[6] 任宇航.煤矿电气设备安全风险预控研究[J].煤矿机电,2014(4):49-52.

[7] 张洪杰.煤矿安全风险综合评价体系及应用研究[D].北京:中国矿业大学,2010.

[8] 乔国厚.煤矿安全风险综合评价与预警管理模式研究[D].武汉:中国地质大学,2014.

[9] 郑万波,吴燕清,李先明,等.省级区域煤矿事故风险综合评估方法研究[J].工矿自动化,2016,42(9):23-26.

[10] 孟现飞,宋学峰,张炎治.煤矿风险预控连续统一体理论研究[J].中国安全科学学报,2011,21(8):90-94.

[11] 梁子荣,辛广龙,井健.煤矿隐患排查治理、煤矿安全质量标准化与煤矿安全风险预控管理体系三项工作关系探讨[J].煤矿安全,2015,41(7):116-117.

[12] 郑万波,吴燕清,李先明,等.重庆市煤矿安全生产风险管理关键技术及应用[J].中州煤炭[J].2016(12):16-21.

7 煤矿安全生产水害事故风险管理
体系在南桐煤矿的应用

目前,国内开展各种煤矿水害事故灾害致灾机理和风险识别理论与方法[1-3]、水害事故风险评价体系[4-8]、风险预警和控制[9-11]、区域风险防控一体化体系建设和应用实践[12-14]研究。本章以开展重庆市煤矿事故风险管理工作为目的,选取南桐煤矿 8 大类主要煤矿事故中的水害事故(最大涌水量为 3000 m³/h)为分析对象,以《重庆市突发事件风险管理操作指南(试行)》的"六表一图"为核心框架,开展煤矿事故风险进行评估工作。首先,列出"煤矿水害事故风险目录",用"煤矿水害事故风险采集表";其次,计算"煤矿水害事故风险损害后果"和"煤矿水害事故风险可能性",绘制"煤矿水害事故风险矩阵图",得出煤矿水害事故风险等级值;最后,根据煤矿水害事故风险评估的汇总结果,采用综合分析和历史比对方法,形成动态煤矿水害事故风险动态监测机制,提出风险的管理标准、技术措施、管理办法和应急准备方案,为矿山典型水害事故风险管理提供一个应用示范案例。

7.1 矿井水害情况

该矿 2006—2015 年虽然没有发生过水害致死事故,但是矿井涌水量较大,应该加强这个方面的隐患排查和水害检测监控。

水害检测数据结果:矿井在采掘过程中没有突水点,7405 下段采面、7402 一段采面存在采面顶板突水、掘进头穿岩溶水的风险,易发生采面顶板水害。掘进头岩溶水害会导致巷道被水淹,造成停产、设备破坏,带来经济损失甚至人员伤亡。

主要防治手段:矿井采掘工程受水害影响,但不威胁矿井安全,应修筑地表防洪沟及防洪渠道,对地表降雨进行有效疏排,减少地表水对井下的补充;坚持"预测预报、有疑必探、先探后掘、先治后采"的原则,使用物探或钻探的手段,对可疑区域进行探测,消除隐患后,执行允掘制度;加强教育培训,提高工人现场水害辨识能力,发现挂红、挂汗、水叫等突水征兆时,第一时间把人员撤离到安全区域,并及时按要求汇报处置。

7.2 煤矿水害事故风险识别

煤矿水害事故风险主要包括煤矿老窑、采空区水害事故风险,煤矿地下水事故风险,煤矿地表水水害事故风险,煤矿防水排水系统事故风险和其他水害事故风险。该矿以前三种为主,应确定风险具体类别,进行系统归类。

7.2.1 煤矿老空区水害事故风险

(1)事故危害:南桐煤矿已有 70 多年的开采历史,上部大量的老窑、废巷及采空区的积水是矿井深部开采的水害威胁之一。当采掘工作面接近或沟通时,老空区的水进入巷道或工作面,造成水灾事故,淹没巷道或淹没矿井。

(2)致灾条件:①未查清老窑分布、开采范围积水情况,未掌握采空区、废弃巷道积水情况;②没有做好采空积水的分析报告,未坚持"预测预报、有疑必探、先探后掘、先治后采"的防治水害原则;③接近采空区积水地区掘进前或排放被淹井巷和积水前,没有编制探放水设计。

(3)发生原因:没有查明有无漏填、错填的积水老硐、老塘和废弃井巷。在采掘工程图上未标明积水区及其最洼点的具体位置和积水外缘标高等,采空区水文地质情况或积水情况不清楚下,未实施探放水措施就进行采掘活动。

(4)可能发生的地点:4#煤层风巷掘进头面。

7.2.2　地下水水害事故风险

(1)事故危害:可引起小型或中型突水,危及矿井的安全生产。

(2)致灾条件:井巷掘进穿岩溶,未按规定探放岩溶。

(3)发生原因:大规模的采掘活动破坏了相对平衡的各种地质因素;一定的水源和地质构造形成渗透通道,是发生地下水害事故的主要因素。

7.2.3　煤矿地表水水害事故风险

(1)事故危害:破坏正常生产次序造成生产中断、井巷及矿井淹没造成设备损坏、人员伤亡事故,危及矿区稳定。

(2)致灾条件:河床、水库等水体隔离防水煤岩柱留设不足或受破坏,大气降水引发山洪,井巷揭露地质构造导穿地表水等。

(3)发生原因:由于长兴灰岩为富含水层,岩溶裂隙发育较为复杂,在掘进过程中揭露地质构造。

7.2.4　风险识别结果

通过系统分析,选取南桐煤矿−325 m北大巷掘进工作面发生老窑水水害事故风险、60～140 m水平03454-7#分流斜坡掘进工作面煤矿构造水事故风险2个典型风险点作为本次煤矿水害事故风险评估方法研究对象。

7.3　水害事故风险评估

煤矿水害事故风险主要包括煤矿老窑、采空区水害事故风险,煤矿地表水事故风险,煤矿构造水事故风险,煤矿防水排水系统事故风险和其他水害事故。

7.3.1　风险评估方法

通过量化分析引发煤矿风险事故风险的可能性和损害后果参数,确定可能性和损害后果值,并在矩阵上予以标明,确定风险的危害等级(表7-1)。

表 7-1　风险矩阵等级表

等级	一般	较大	重大	特大
煤矿事故风险值(G)	0～6.25	6.25～12.50	12.60～18.75	18.76～25.00

7.3.2 水害事故风险评估

情景模拟：①20××年××月××日××时××分，南桐煤矿－325 m北大巷掘进工作面发生水害事故。②20××年××月××日××时××分，南桐矿60～140 m水平03454-7#分流斜坡掘进工作面，在过断层构造时，因支护不及时，支护质量差，造成水害垮落事故。

（1）水害事故风险采集表

南桐煤矿－325 m北大巷掘进工作面发生水害事故风险采集表见表7-2所示。

表7-2　－325 m北大巷掘进工作面发生水害事故风险采集表

基本情况	风险名称	南桐煤矿－325 m北大巷掘进工作面水害事故风险
	风险类别	构造水事故
	风险编码	2A0403
特性	风险描述	掘进头岩溶水害
	风险自然属性	巷道被水淹
	风险社会特征	造成停产、设备破坏，带来经济损失，甚至人员伤亡
	发生原因（诱因）	掘进头穿岩溶水
	曾经发生情况	无
	应对情况	启动应急预案，组织施救，向相关部门报告
人	风险点及周边区域人员分布情况	－325 m北大巷掘进工作面风险点及周边工作人员8人
	直接影响人数	5人
	可能波及人数	8人

（2）风险损害后果计算表

南桐煤矿－325 m北大巷掘进工作面发生水害事故风险损害后果计算见表7-3所示。

表7-3　－325 m北大巷掘进工作面发生水害事故风险损害后果计算表

煤矿事故场景设置（此场景为假定场景）		发生时间		20××年××月××日××时××分		
		发生地点		－325 m北大巷掘进工作面		
		事件名称		南桐煤矿地下水水害事故		
		发生原因		茅口灰岩中施工的巷道遇含水岩溶裂隙		
		持续时间		5 h		
		影响范围		－325 m北大巷		
		事件经过		20××年××月××日××时××分，－325 m大巷掘进施工探眼时，探到含水岩溶裂隙，初始涌水量为100 m³/h，2 d后降为0		
		造成的损失		停产两天		
		其他描述		无		
领域	缩写	损害参数	单位	预期损害规模	损害等级	损害规模判定依据
人（M）	M_1	死亡人数	人数	—	—	事故无人员伤亡
	M_2	受伤人数	人数	—	—	6人在工作面作业
	M_3	暂时安置人数	人数	—	—	无须暂时安置人员
	M_4	长期安置人数	人数	—	—	无须长期安置人员

领域	缩写	损害参数	单位	预期损害规模	损害等级	损害规模判定依据
经济（E）	E_1	直接经济损失	万元	20	1	损毁的设备及医疗等
	E_2	间接经济损失	万元	280	1	停产停工
	E_3	应对成本	万元	20	1	救援开支
	E_4	善后及恢复重建成本	万元	15	1	设备更换
社会（S）	S_1	生产中断	万 t/a(能力)、d(停产时间)	停产 1 d	1	渝煤监管〔2013〕83 号文
	S_2	政治影响	影响指标数、时间	—	—	渝煤监管〔2013〕83 号文
	S_3	社会心理影响	影响指标数、程度	1 个影响指标，程度小	1	给职工及周边居民带来心理影响
	S_4	社会关注度	时间范围	区内，1 d 内	1	渝煤监管〔2013〕83 号文
Sum=$M+E+S$				损害等级合计数：7 损害参数总数：7		
D(损害后果)＝损害等级合计数/损害参数总数				损害后果：1.0		

（3）可能性分析表

按照《重庆市煤矿安全生产风险评估实施细则》和参考文献[14]的计算方法，依据过去 10 a 发生此类风险事故的频率，得出历史发生概率 $Q_1=1$，应急管理能力 $Q_3=3$；组织专家从评估对象自身的风险承受能力（稳定性）来判断发生此类煤矿事故的可能性，得出风险承受能力 $Q_2=3$；由风险管理单位牵头，组织不同类型的专家及相关人员参与，通过技术分析、集体会商、多方论证评估，得出此类煤矿事故发生可能性，专家综合评估 $Q_4=3$。等级值合计数 Sum=$Q_1+Q_2+Q_3+Q_4=10$，指标总数为 4，则 Q(发生可能性值)＝等级值合计数/指标总数=2.5。

（4）风险值计算

南桐煤矿－325 m 北大巷掘进工作面发生水害事故风险"值计算函数可表达为：G(风险值)＝P(发生可能性值)$\times I$(损害后果)＝1.0$\times$2.5＝2.5，查表 7-1 得到风险等级值为一般。采用相同的计算方法，得出南桐煤矿 60～140 m 水平 03454-7$^{\#}$分流斜坡掘进工作面风险值水害事故风险值 $G=P\times I$＝2.9$\times$2.25＝6.525，查表 7-1 风险矩阵表得到其风险等级值为较大。

7.4 水害事故风险防控措施

本节从煤矿老窑、采空区水害事故风险，煤矿地表水水害事故风险、煤矿地下水水害事故风险的管理措施、技术措施和应急准备三方面进行分类讨论。

7.4.1 煤矿老窑、采空区水害事故风险

（1）管理措施。矿总工程师带队，地测科、安全科和通瓦科等参加，每个季度至少对周边小

煤窑进行一次调查,掌握小煤窑的生产状况和采掘动态,防止小煤窑越界开采。

(2)技术措施。由地测科形成专门的"矿井和周边煤矿采空区相关资料台账"。

7.4.2　煤矿地表水水害事故风险

(1)管理措施。地测科组织每月不少于一次调查地表农田、汇水区域及地表水库积水,河流渗水等情况。

(2)技术措施。南桐煤矿依据《建筑物、水体、铁路下及主要井巷煤柱留设与压煤开采规程》中的煤柱留设原则,对相邻矿井、周边河道、水库留设防水保护煤柱。由地测科形成专门的"地表水文观测成果台账"。

7.4.3　煤矿地下水水害事故风险

(1)管理措施。严格执行《煤矿安全规程》及《煤矿防治水工作条例》中有关井下、地面防治水的规定。

(2)技术措施。加强对井下出水点的日常检查,在透水可疑区域进行采掘作业,必须坚持"预测预报、有疑必探,先探后掘、先治后采"的原则,定期对各运输大巷水沟进行清理、疏通。掘进头有涌水、淋水出现时,必须停止作业,按避灾路线撤出人员,并向矿调度室汇报,经采取有效的补充措施方可进头;采煤工作面顶、底板有淋水、浸水现象时,必须向矿调度室汇报,经采取有效的补充措施后方可采煤。

7.4.4　应急准备

发生水害事故后,若水势过猛,应立即启动水害应急预案,无法救灾时必须按避灾路线撤离。水仓必须有备用水泵,且保持完好,水仓水泵排水能力符合安全规程要求。

7.5　本章小结

(1)根据《重庆市煤矿安全生产风险评估实施细则》的"风险损害后果计算表"和"风险可能性分析表",组织专家对事故风险进行量化打分,取上限值,最终得到每条风险的值如下:－325 m北大巷掘进工作面发生水害事故风险值为2.5,其风险等级值为一般;60~140 m水平03454-7#分流斜坡掘进工作面风险值水害事故风险值为6.525,其风险等级值为较大。

(2)以历史事故为依据,根据瓦斯事故风险的情景-应对模式,制定煤矿老窑、采空区水害事故风险,煤矿地表水水害事故风险、煤矿地下水水害事故风险的技术措施、管理措施和应急准备方案。

(3)南桐煤矿涌水量较大,建议煤矿加强对水害事故风险的日常监测、监控,全面落实风险监测、监控措施根据事故风险的实际变化情况,制定风险更新和预警制度,动态完善重大事故风险监测、监控措施,及时补充完善重大事故风险防范措施;根据实际情况及时补充修改应急预案,进行演练。

参考文献

[1] 郝贵,刘海滨,张光德. 煤矿安全风险预控管理体系[M].北京:煤炭工业出版社,2012.

[2] 国家安全生产监督管理总局. 煤矿安全风险预控管理体系 规范:AQ/T 1093—2011[S].

[3] 卜昌森.煤矿水害探查、防治实用技术应用与展望[J].中国煤炭,2014,40(7):100-107,121.

[4] 李丰军,翁克瑞,柯少峰.煤矿水害风险评估和疏堵防治效益分析[J].煤炭工程,2011(10):87-89.

[5] 刘新立,史培军.区域水灾风险评估模型研究的理论与实践[J].自然灾害学报,2001,10(2):66-72.

[6] 孙旭东.基于模糊信息的煤矿安全风险评价研究[D].北京:中国矿业大学,2013.

[7] 郑万波,吴燕清,李先明,等.省级区域煤矿事故风险综合评估方法研究[J].工矿自动化,2016,42(9):23-26.

[8] 丁雷.基于GIS的煤矿水害预警系统[J].矿业安全与环保,2013,40(2):46-48.

[9] 秋兴国,王超.时序变化率曲面拟合的矿井水害极值预警算法[J].中国安全科学学报,2012,22(10):19-23.

[10] 蔡明锋,程久龙,隋海波,等.矿井工作面水害安全预警系统构建[J].煤矿安全,2009,40(9):50-53.

[11] 裴丽莎.煤矿透水事故管控关键因素研究[D].北京:中国矿业大学,2014.

[12] 孟现飞,宋学峰,张炎治.煤矿风险预控连续统一体理论研究[J].中国安全科学学报,2011,21(8):90-94.

[13] 李光荣,杨锦绣,刘文玲,等.2种煤矿安全管理体系比较与一体化建设途径探讨[J].中国安全科学学报,2014,24(4):117-122.

[14] 郑万波,吴燕清,李先明,等.重庆市煤矿安全生产风险管理关键技术及应用[J].中州煤炭[J].2016(12):16-21.

8 煤矿安全生产机电事故风险管理
体系在南桐煤矿的应用

目前,国内开展各种煤矿机电事故灾害致灾机理和风险识别理论与方法[1,2]、机电事故风险评价体系[3-7]、风险综合评价体系[8-10]、区域风险防控一体化体系建设和应用实践[11-14]研究。本章以重庆市煤矿事故风险评估为研究需求,选取南桐矿8大类主要煤矿事故中频繁发生的机电事故为分析对象,以《重庆市突发事件风险管理操作指南(试行)》的"六表一图"为核心框架,开展煤矿事故风险进行评估工作。首先,列出"煤矿机电事故风险目录",用"煤矿机电事故风险采集表";其次,计算"煤矿机电事故风险损害后果"和"煤矿机电事故风险可能性",绘制"煤矿机电事故风险矩阵图",得出煤矿机电事故风险等级值;最后,根据煤矿机电事故风险评估的汇总结果,采用综合分析和历史比对方法,形成动态煤矿机电事故风险动态监测机制,提出风险的管理标准、技术措施、管理办法和应急准备方案,为机电事故风险管理提供一个应用示范案例。

8.1 矿井开采条件

南桐煤矿的开采条件如表 8-1 所示。

表 8-1 南桐煤矿开采基本条件

建井时间	1938 年		
设计生产能力	120 万 t/a	核定生产能力	101 万 t/a
瓦斯等级	煤与瓦斯突出	水文地质类别	复杂
开拓方式	竖井、暗斜井综合开拓	采煤方法	走向长壁采煤法
可采煤层及厚度	K1 层 1.5 m,K2 层 0.9 m,K3 层 2.5 m		
煤层自燃发火倾向	Ⅱ	矿井最大涌水量	3000 m³/h
运输方式	斜坡皮带运煤,斜坡提升材料	通风方式	两翼对角式通风
生产水平(m)	−200 m 水平,−450 m 水平		
采区	11 个		
采煤工作面	共 6 个,其中:综采 4 个,机采 0 个,炮采 2 个		
掘进工作面	共 15 个,其中:综掘 0 个,炮掘 15 个		

8.2 安全生产回顾及现状

8.2.1 2006—2015年死伤事故统计

（1）南桐煤矿2009年"4·4"机电事故（表8-2）

2009年4月4日发生机电事故一起，死亡1人，造成经济损失65万元，应采取机电防范措施。

表8-2 2009年"4·4"机电事故

事故编码	2A05-05	死亡人数	1人
单位名称	重庆市南桐矿业有限公司	子企业名称	南桐煤矿
区县（自治县）	万盛经开区	煤矿事故类别	机电事故
事故发生时间	2009年4月4日 20:40	上报时间	2009年4月4日 21:05
事故发生地点	7603N上段综采面	致灾原因	操作司机违章进入滚筒上方区域，不慎滑入滚筒与底板之间，被绞压受伤，经抢救无效死亡
煤矿类别	国有中型煤矿	经济类型	有限公司

（2）南桐煤矿2010年"3·7"机电事故（表8-3）

2010年3月7日发生机电事故一起，死亡1人，造成经济损失70万元，应采取机电防范措施。

表8-3 2010年"3·7"机电事故

事故编码	2A05-05	死亡人数	1人
单位名称	重庆市南桐矿业有限公司	子企业名称	南桐煤矿
区县（自治县）	万盛经开区	煤矿事故类别	机电事故
事故发生时间	2010年3月7日 00:15	上报时间	2010年3月7日 00:40
事故发生地点	7603S下段皮带道	致灾原因	皮带输送司机在通过1#皮带输送机人行过桥时，不慎跌入运行中的1#皮带输送机上，被拉至过桥处卡住，造成左胸受挤压，并被皮带运输的煤炭掩埋面部，导致窒息死亡
煤矿类别	国有中型煤矿	经济类型	有限公司

（3）南桐煤矿2011年"5·2"机电事故（表8-4）

2011年5月2日发生机电事故一起，死亡1人，造成经济损失70万元，应采取机电防范措施。

表8-4 2011年"5·2"机电事故

事故编码	2A05-05	死亡人数	1人
单位名称	重庆市南桐矿业有限公司	子企业名称	南桐煤矿
区县（自治县）	万盛经开区	煤矿事故类别	机电事故
事故发生时间	2011年5月2日 22:20	上报时间	2011年5月2日 23:15

续表

事故编码	2A05-05	死亡人数	1人
事故发生地点	7503N下段综采工作面	致灾原因	处理综采工作面液压支架沉架时,拉架工违反操作规程和作业规程的规定,将头伸入架前挡板矸内操作,因支撑顶梁的支柱失稳,被突然下落的液压支架前探梁压伤头部造成死亡
煤矿类别	国有中型煤矿	经济类型	有限公司

(4)南桐煤矿2011年"6·25"机电事故(表8-5)

2011年6月25日发生机电事故一起,死亡1人,造成经济损失68万元,应采取机电防范措施。

表8-5　2011年"6·25"机电事故

事故编码	2A05-03	死亡人数	1人
单位名称	重庆市南桐矿业有限公司	子企业名称	南桐煤矿
区县(自治县)	万盛经开区	煤矿事故类别	机电事故
事故发生时间	2011年6月25日 16:26	上报时间	2011年6月25日 16:52
事故发生地点	−325 m南大巷	致灾原因	电工因检查不仔细,误将喷浆机的火接在耙装机上,发现失误后又没有及时离开危险源,违章指挥他人送电
煤矿类别	国有中型煤矿	经济类型	有限公司

8.2.2　安全生产管理现状

(1)安全生产质量标准化情况(表8-6)

表8-6　2013—2015年安全生产质量标准化评估结果

序号	名称	满分	权重	考核得分			加权得分		
				2013	2014	2015	2013	2014	2015
1	通风	100	0.18	93.30	94.70	93.09	16.79	17.05	16.76
2	地测防治水	100	0.12	94.35	92.83	95.90	11.32	11.14	11.51
3	采煤	100	0.10	93.50	93.23	94.33	9.35	9.32	9.43
4	掘进	100	0.10	92.38	93.46	95.50	9.24	9.35	9.55
5	机电	100	0.10	93.47	94.72	95.60	9.35	9.47	9.56
6	运输	100	0.09	92.66	94.50	93.88	8.34	8.51	8.45
7	安全管理	100	0.08	94.94	96.65	97.10	7.60	7.73	7.77
8	职业卫生	100	0.08		96.63	98.50		7.73	7.88
9	应急救援	100	0.06		91.24	90.65		5.47	5.44
10	调度	100	0.05	97.33	96.70	97.77	4.87	4.84	4.89
11	地面设施	100	0.04		96.50	99.60		3.86	3.98
合计		1100		751.93	1041.16	1051.92	76.85	94.46	95.22

2013—2015 年质量标准化得分均在 90～100 的分值区间。"应急救援"2016 年度评估得分为 90.65 分,接近 80～89 的分值区间,应急管理能力的划分宜降到 80～89 分值区间取值。

(2)隐患排查实施情况及效果(表 8-7)

表 8-7　2016 年隐患排查情况

序号	隐患类别	重大隐患/挂牌督办/条	一般隐患/条	未整改/条
1	瓦斯	0	78	0
2	顶板	0	216	0
3	运输	0	183	0
4	水害	0	36	0
5	机电	0	156	0
6	放炮	0	32	0
7	火灾	0	14	0
8	其他	0	106	0
	合计	0	821	0

2016 年隐患排查无重大隐患(挂牌督办)条数为 0 条,一般隐患共计 821 条,其中机电事故隐患 156 条,应该加强机电安全管理和隐患排查力度。

8.3　煤矿机电事故风险识别

煤矿机电事故风险主要包括煤矿供电系统保护风险、煤矿机械运行事故风险、煤矿供电可靠性事故风险、煤矿机电设备失爆风险、其他机电事故风险。首先确定风险具体类别,然后进行系统归类。

8.3.1　煤矿供电系统保护风险

(1)事故危害:供电线路遭受雷击事故;发生触电事故;发生设备短路事故。

(2)致灾条件:保护装置出现故障失效;作业人员违章操作;电缆被砸、压、挤、埋或接头不合格漏电;保护装置失灵、设备绝缘老化、设备进水受潮等;触及漏电电缆或设备等。

(3)发生原因:维修电工检查、试验做假;作业人员违章操作;保护装置出现故障失效;采掘工作面配电点的空间距离不符合规范;井下变电所设备之间距离不符合规定;接地网上的接地电阻不符合规定;主接地极不符合规定;接地母线未采用铜线或镀锌铁线等。

(4)可能发生的地点:敷设电缆的巷道;井下、地面机电硐室;采掘电气设备布置地点等。

8.3.2　煤矿机械运行事故风险

(1)事故危害:主要指机械设备运动(静止)部件、工具、加工件直接与人体接触引起的夹击、碰撞、剪切、卷入、绞、碾、割、刺等形式的伤害;操作人员没有使用防护用具,人体接触机械尖锐、锐角等部分的伤害,以及人体滑倒时撞击机械部分等造成的伤害。

(2)致灾条件:机械设备安全防护装置缺乏或损坏,被拆卸等;在检修和正常工作时,机器被别人随意启动或停止;爬、蹬、跳机械设备,穿戴不符合安全规定的服装进行操作;机械设备不按时检修;进入机械危险区域(部位);在不安全的机械上停留、休息等。

（3）发生原因：操作人员不按操作规程要求操作；机械设备安全防护设施不全；不按规定要求对设备进行检修，机械设备不完好等。

（4）可能发生的地点：运输机械、采掘机械、装载机械、钻探机械；破碎设备、通风设备、排水设备、支护设备及其他传动设备。因此凡是存在机械、设备的地方均有发生机械伤害的可能。

8.3.3　煤矿供电可靠性事故风险

（1）事故危害：①矿井大面积停电事故；②停电停风造成瓦斯超限，引起人员伤亡，继而可能发生瓦斯爆炸，造成经济损失、设备损坏、不良社会影响。

（2）致灾条件：矿井电源未采用分列运行方式；未一回路运行、另一回路带电备用，未保证供电的连续可靠性。

（3）发生原因：矿井单回路供电。

（4）可能发生的地点：根据该矿井的实际情况——全部采用双回路供电可知，没有可能发生的地点。

8.3.4　煤矿机电设备失爆风险

（1）事故危害：造成电器设备打火事故。

（2）致灾条件：①电气设备的外壳失去耐爆性能或隔爆性能；②电气设备发生短路故障，继电保护失效；③电气设备失爆点发生瓦斯集聚，达到爆炸值。

（3）发生原因：①维修工检修、维护电气设备不当，使得电气设备失去耐爆和隔爆性；②移动或搬迁电气设备不当，造成机械损伤或外壳变形；③检查、试验不到位，各类继电保护失效。

（4）可能发生的地点：井下凡存在电气设备安装在回风巷的地方均可能发生。

8.3.5　风险识别结果

通过系统分析，选取南桐煤矿"－200 m 水平 6411 N 下段采煤工作面煤矿供电系统保护风险""－280 m 水平 7602 风巷掘进碛头煤矿机械运行事故风险""7507 下段综采工作面煤矿机电设备失爆风险"3 个典型风险点作为本次机电事故风险评估方法研究对象。

8.4　机电事故风险评估

8.4.1　风险评估方法

通过技术分析、实地勘察、集体会商等方式，多方论证确定突发事件发生的可能性、损害后果，采用矩阵分析法，通过量化分析风险引发煤矿风险事故的可能性和损害后果参数，确定可能性和损害后果值，并在矩阵上予以标明，确定风险的危害等级（表 8-8）。

表 8-8　风险矩阵等级表

等级	一般	较大	重大	特大
煤矿事故风险值（G）	0～6.25	6.25～12.50	12.60～18.75	18.76～25.00

8.4.2　机电事故风险评估

情景模拟：①20××年××月××日××时××分，南桐煤矿 6411 N 下段采煤工作面，因

－200 m 九采配电点检漏继电器失效漏电伤人，导致机电事故，死亡 1 人，造成停产 15 d、直接经济损失 120 万元、间接经济损失 2490 万元。②20××年××月××日××时××分，南桐煤矿－280 m 水平 7602 风巷掘进碛头，因耙斗机运行过程中人员站位不当造成一起机械设备伤人事故，死亡 1 人，停产 15 d，造成直接经济损失 100 万元、间接经济损失 2100 万元。③20××年××月××日××时××分，南桐煤矿 7507 下段综采工作面风巷开关出现短路打火，造成设备受损、工作面停产 1 d、直接经济损失 5 万元、间接经济损失 15 万元。

(1)机电事故风险采集表

南桐煤矿－200 m 水平 6411 N 下段采煤工作面煤矿供电系统保护风险的风险采集如表 8-9 所示。

表 8-9　"煤矿供电系统保护风险"风险采集表

基本情况	风险名称	煤矿供电系统保护风险	
	风险类别	煤矿供电系统保护风险(2A05)	
	风险编码	2A05-01	
	所在地理位置	重庆万盛经济开发区	
	所处功能区	采煤工作面	
	所在辖区(企事业单位或村社区)	万盛经济开发区南桐镇	

定性描述		
信息点	**具体情况**	
风险描述	供电系统保护失效，发生人员触电事故	
风险自然属性	设备保护失效，检修不及时	
风险社会特征	造成人员伤亡，设备损坏，停产停工，工人心理恐慌	
发生原因(诱因)	各种保护装置未按规定检查试验，保护装置不灵敏、失效	
特性　曾经发生情况	2011 年 6 月 25 日 16:26，电工因检查不仔细，误将喷浆机的火接在耙装机上，发现失误后又没有及时离开危险源，违章指挥他人送电，造成 1 人死亡事故	
应对情况	①全矿在停产整顿期间深入开展"四查三反"活动，进行安全整风，人人签订安全公约上墙，完善规章制度和措施办法，转变工作作风。②对全矿的电器设备进行全面检查，确保电气设备的各种保护装置灵敏、可靠。③重新修订停送电管理制度，全面推行现场确认制度，全面推行准军事化管理。④加强现场隐患排查整改力度，消除事故隐患。⑤加强对员工的业务知识和安全技能培训	

定量描述			
类别	**信息点**	**具体情况**	**信息来源**
人	风险点及周边区域人员分布情况	操作人员	矿井井下作业人员
	直接影响人数	事故地点操作人员及周边人员	
	可能波及人数	6	
经济	煤矿核定生产能力	101 万 t/a	现场资料查询核定
	企事业单位个数	1	
	资产总额/万元	55809.87	

类别	信息点	具体情况	信息来源
基础设施	通信设施	KT379 调度交换系统	现场资料查询核定
	交通设施	汽车	
	供水设施	万盛自来供水网	
	电力设施	綦万电网	
	煤层气设施	瓦斯抽放泵	
	城市基础设施	齐全	
	生活必需品供应场所	齐全	
	医疗服务机构	南桐矿业公司总医院	
	其他设施	齐全	

（2）风险损害后果计算表

南桐煤矿－200 m 水平 6411 N 下段采煤工作面煤矿供电系统保护风险的损害后果计算表如表 8-10 所示。

表 8-10 "煤矿供电系统保护风险"风险损害后果计算表

煤矿事故场景设置（此场景为假定场景）	发生时间	20××年××月××日××时××分
	发生地点	－200 m 九采配电点
	事件名称	6411 N 下段采煤工作面机电设备漏电伤人事故
	发生原因	检漏继电器失灵，检修时发生漏电致人死亡
	持续时间	10—11 时
	影响范围	－200 m 九采配电点
	事件经过	20××年××月×日××时××分，－200 m 水平 6411 N 下段采煤工作面，电工检修机电设备时，因检漏继电器失灵，造成设备漏电，造成电工死亡
	造成的损失	死亡 1 人，财产损失 2910 万元
	其他描述	无

领域	缩写	损害参数	单位	预期损害规模	损害等级	损害规模判定依据
人（M）	M_1	死亡人数	人数	1	2	1 名职工
	M_2	受伤人数	人数	—	—	无
	M_3	暂时安置人数	人数	5	1	死亡人员家属
	M_4	长期安置人数	人数	—	—	无须长期安置
经济（E）	E_1	直接经济损失	万元	120	1	人员伤亡，设备损坏，罚款
	E_2	间接经济损失	万元	2490	1	停产 15 d，0.4 万 t/d，人员工资及其他开销
	E_3	应对成本	万元	30	1	救援开支
	E_4	善后及恢复重建成本	万元	180	1	死亡人员赔付，设备维修、更换

领域	缩写	损害参数	单位	预期损害规模	损害等级	损害规模判定依据
社会（S）	S_1	生产中断	万 t/a（能力）、d（停产时间）	停产 15 d，101 万 t/a	1	渝煤监管〔2013〕83 号文
	S_2	政治影响	影响指标数、时间	1 个指标；24 h	2	影响政府正常运作时间
	S_3	社会心理影响	影响指标数、程度	1 个指标；小	2	一个指标，影响程度小
	S_4	社会关注度	时间范围	省内影响 7 d	2	省内 1～7 d

Sum＝M＋E＋S

损害等级合计数：14

损害参数总数：10

D（损害后果）＝损害等级合计数/损害参数总数　　损害后果：1.4

（3）可能性分析表

南桐煤矿－200 m 水平 6411 N 下段采煤工作面煤矿供电系统保护风险的可能性分析表如表 8-11 所示。

表 8-11　"煤矿供电系统保护风险"风险可能性分析表

指标	释义	分级	可能性	等级	等级值
历史发生概率（Q_1）	过去 10 a 发生此类风险事故的频率，得出等级值	过去 10 a 发生 3 次以上	很可能	5	5
		过去 10 a 发生 3 次	较可能	4	
		过去 10 a 发生 2 次	可能	3	
		过去 10 a 发生 1 次	较不可能	2	
		过去 10 a 未发生	基本不可能	1	
风险承受能力（Q_2）	组织专家从评估对象自身的风险承受能力（稳定性）来判断发生此类煤矿事故的可能性	承受力很弱	很可能	5	4
		承受力弱	较可能	4	
		承受力一般	可能	3	
		承受力强	较不可能	2	
		承受力很强	基本不可能	1	
应急管理能力（Q_3）	2013—2015 年安全生产质量标准化评估结果的"应急救援"取值	应急管理能力很差（60 分以下）	很可能	5	2
		应急管理能力差（60～69 分）	较可能	4	
		应急管理能力一般（70～79 分）	可能	3	
		应急管理能力好（80～89 分）	较不可能	2	
		应急管理能力很好（90～100 分）	基本不可能	1	
专家综合评估（Q_4）	由风险管理单位牵头，不同类型的专家及相关人员参与，通过技术分析、集体会商、多方论证评估得出此类煤矿事故发生可能性		很可能	5	4
			较可能	4	
			可能	3	
			较不可能	2	
			基本不可能	1	

Sum＝Q_1＋Q_2＋Q_3＋Q_4

等级值合计数：15

指标总数：4

发生可能性值＝等级值合计数/指标总数　　发生可能性值：3.75

（4）风险矩阵图及计算风险值

南桐煤矿－200 m 水平 6411 N 下段采煤工作面煤矿供电系统保护风险的风险值计算函数：可表达为 G（风险值）＝P（发生可能性值）$\times I$（损害后果）＝$2\times3.75＝7.5$。

8.4.3 风险等级确定

采用相同的计算方法，得出本次煤矿机电事故风险评估的风险值：

（1）－200 m 水平 6411 N 下段采煤工作面煤矿供电系统保护风险的风险值 $G＝P\times I＝2\times3.75＝7.5$，查表 8-8 风险矩阵表得到其风险等级值为一般。

（2）－280 m 水平 7602 风巷掘进碛头煤矿机械运行事故风险的风险值 $G＝P\times I＝1.7\times3.75＝6.375$，查表 8-8 风险矩阵表得到其风险等级值为较大。

（3）7507 下段综采工作面煤矿机电设备失爆风险的风险值 $G＝P\times I＝1.0\times3.75＝3.75$，查表 8-8 风险矩阵表得到其风险等级值为一般。

8.5 机电事故风险防控措施

本节针对煤矿供电系统保护风险、煤矿机械运行事故风险、煤矿供电可靠性事故风险、煤矿机电设备失爆风险、其他机电事故风险，有的放矢地制定防控措施。

8.5.1 煤矿供电系统保护风险

（1）管理措施

① 供电系统应安全可靠，年产 6 万 t 及以上矿井供电必须为双电源、双回路供电，任一回路都能担负矿井全部负荷；严禁两回路取自同一区域变电所、同一母线段。

② 井下各水平中央变电所、井下主排水泵房、主要通风机、地面永久抽放泵站，必须实现双回路供电。

③ 供电系统及设备选型、安装符合《煤矿安全规程》要求，相关保护应安全、灵敏、可靠。

④ 大型设备检修要制定专项措施；设备监测、检修、维护到位，确保设备完好、运行可靠，防保护性能符合要求。

⑤ 停送电严格执行工作票管理制度。

⑥ 设备基础管理规范，各种图纸资料齐全。

（2）技术措施

① 试验前一天必须在调度作业会上提出，并通知影响区域相关连队，并向机电科汇报。机电科必须派遣一名人员参加远方漏电试验。

② 每班作业前，由组长（副组长）组织人员参加学习本措施，并明确施工负责人、安全负责人、停送电负责人。

③ 在接试验电阻时必须先验电、放电，确认无电后方可作业。

④ 试验回路时，应在确认试验开关合上的情况下，方可进行试验。

⑤ 在远方试验进行前，通风部门应制定好相关试验区域的瓦斯排放措施。

⑥ 局扇回路的远方试验中，局扇的开、停由现场安瓦员负责，其余开关的操作由试验电工负责；局扇电源试验时，联系所停电范围碛头工作人员停止作业，全部人员撤出至局扇位置，先由现场安瓦员将备用局扇启动，按照上述试验方法对主局扇电源进行远方试验，试验完成后恢

复主局供电,由安瓦员启动主局扇,恢复碛头正常送电。

⑦ 试验完毕后,由试验负责人及时向矿调度室汇报试验情况,如有问题应立即整改。

8.5.2 煤矿机械运行事故风险

(1)管理措施

同煤矿供电系统。

(2)技术措施

① 煤矿各类机械设备必须要有管理办法、操作规程、安装规范、各类巷道运输措施、日常维护与保养等专项技术措施。

② 要配备足够的特种作业人员和操作人员,坚持持证上岗。

③ 设备涉及的电气开关和小型电器分别按要求上架、上板,摆放位置无淋水,有足够行人和检修安全距离,电缆悬挂整齐、规范。电气开关、电缆选型符合设计要求,各种保护装置齐全、动作灵敏可靠,各种保护整定值符合设计要求。信号装置齐全,灵敏可靠。

④ 日常安排好培训计划,常态性进行培训教育。

8.5.3 煤矿供电可靠性事故风险

(1)管理措施

同煤矿供电系统。

(2)技术措施

① 必须做好停送点应急预案,安排好人员到位,设定组织机构及指挥中心。

② 编制好停送电在各种情况下的操作方案。

③ 编制好各点位停送电顺序及注意事项。

8.5.4 煤矿机电设备失爆风险

(1)管理措施

同煤矿供电系统。

(2)技术措施

① 明确煤矿各类失爆情况判定及处理方法。

② 机电科、机电队要定期对全矿机电设备进行失爆检查。

③ 发现失爆现象,必须立即停产,处理完毕后才能继续作业。

8.5.5 其他机电事故风险

(1)管理措施

同煤矿供电系统。

(2)技术措施

① 电工必须穿戴好符合规定的绝缘靴、绝缘手套。

② 供应部门要保障采购的绝缘靴、绝缘手套质量合格,备用量足够。

③ 机运科、安全科要定期对绝缘靴、绝缘手套进行检查。

8.5.6 应急准备

(1)必须编写好煤矿机电事故的专项应急救援预案。

(2)应急救援必须建立应急组织体系,落实组织机构和成员职责;日常加强预防预警工作,一旦发生事故按照应急预案进行应急响应与信息发布,并做好后期处置工作。加强通信与信息保障、应急队伍保障、技术保障、应急物资保障、经费保障,积极组织职工进行应急救援培训和演练。

(3)专项应急预案必须按照危险性程度进行分析,明确专项应急预案中组织机构职责及要点,并编写采区的预防措施,加强事故危险源监控,明确事故预警的条件、方式、方法,建立好信息发布及报告程序,编制好处置措施,地面和井下指挥及处理。按照《煤矿安全规程》规定配备好救援装备和物资。

8.6 本章小结

(1)通过专家现场踏勘、查阅各种鉴定报告,了解 2013—2015 年质量标准化量化指标,2016 年隐患排查的重要危险源识别情况,结合地质报告,选取南桐煤矿"−200 m 水平 6411 N 下段采煤工作面煤矿供电系统保护风险""−280 m 水平 7602 风巷掘进碛头煤矿机械运行事故风险""7507 下段综采工作面煤矿机电设备失爆风险"3 个典型风险点作为本次机电事故风险评估方法研究对象。

(2)根据《重庆市煤矿安全生产风险评估实施细则》和《重庆市煤矿安全生产风险管理工作培训教材》的"风险损害后果计算表"和"风险可能性分析表",组织专家对以上事故风险的进行量化打分,取上限值,最终得出"6411 N 下段采煤工作面煤矿供电系统保护风险"的风险值为7.5,其风险等级值为较大;"−280 m 水平 7602 风巷掘进碛头煤矿机械运行事故风险"的风险值为 6.375,其风险等级值为较大;"7507 下段综采工作面煤矿机电设备失爆风险"的风险值为3.75,其风险等级值为一般。

(3)在风险防控方面,以历史事故为依据,根据机电事故风险的情景-应对模式,制定煤矿供电系统保护风险、煤矿机械运行事故风险、煤矿供电可靠性事故风险、煤矿机电设备失爆风险和其他机电事故风险的防控措施。

(4)建议南桐煤矿加强对机电事故风险的日常监测、监控,全面落实风险监测、监控措施根据事故风险的实际变化情况,制定风险更新和预警制度,动态完善重大事故风险监测、监控措施,及时补充完善重大事故风险防范措施;根据实际情况及时补充修改应急预案,进行演练。

参考文献

[1] 杨宏魁.采煤工作面机电事故风险分析[J].硅谷,2014(13):193-194.

[2] 徐礼节.论煤矿机电事故发生的原因及预防办法[J].科技与企业,2013(6):76.

[3] 李博杨,李贤功,孟英辰,等.基于灰色关联和集对分析的煤矿机电事故风险分析[J].煤矿开采,2016,21(4):138-141.

[4] 刘洪军,刘道玉.矿井机电装备闭环管理模式研究[J].煤矿机械,2010,31(7):235-238.

[5] 孙广军.风险预控管理体系在煤矿机电安全管理中的应用[J].科技创新,2014(5):9-10.

[6] 任宇航.煤矿电气设备安全风险预控研究[J].煤矿机电,2014(4):49-52.

[7] 刘道玉,赵德山.煤矿机电装备保护及能力评定体系的构建及实践[J].中国煤炭,2014(4):75-83.

[8] 张洪杰.煤矿安全风险综合评价体系及应用研究[D].北京:中国矿业大学,2010.

[9] 乔国厚.煤矿安全风险综合评价与预警管理模式研究[D].武汉:中国地质大学,2014.

[10] 郑万波,吴燕清,李先明,等.省级区域煤矿事故风险综合评估方法研究[J].工矿自动化,2016,42(9):23-26.

[11] 孟现飞,宋学峰,张炎治.煤矿风险预控连续统一体理论研究[J].中国安全科学学报,2011,21(8):90-94.

[12] 梁子荣,辛广龙,井健.煤矿隐患排查治理、煤矿安全质量标准化与煤矿安全风险预控管理体系三项工作关系探讨[J].煤矿安全,2015,41(7):116-117.

[13] 李光荣,杨锦绣,刘文玲,等.2种煤矿安全管理体系比较与一体化建设途径探讨[J].中国安全科学学报,2014,24(4):117-122.

[14] 郑万波,吴燕清,李先明,等.重庆市煤矿安全生产风险管理关键技术及应用[J].中州煤炭[J].2016(12):16-21.

9 煤矿安全生产放炮事故风险管理体系在东林煤矿的应用

目前,国内开展各种煤矿放炮事故灾害致灾机理和风险识别方法[1-3]、放炮事故风险评价理论和方法[4-7]、放炮事故综合预控[8,9]、煤矿事故风险综合防控区域一体化体系建设和应用实践[10-12]等研究,开展事故风险处置信息传递与装备效能评价[13-18],采用智能遥控技术等措施有效防控放炮事故[19-24]。本章对重庆南桐矿业责任有限公司东林煤矿的放炮事故风险开展识别采集、风险评估、风险防控研究。

9.1 安全生产管理现状

东林煤矿安全生产组织管理架构如图 9-1 所示。

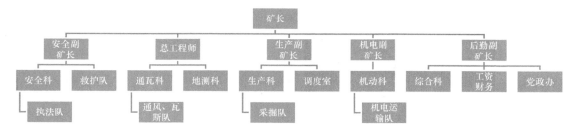

图 9-1 东林煤矿安全生产组织管理架构

2013—2015 年安全生产质量标准化评估结果和 2016 年隐患排查情况见表 4-2 和表 4-3。2016 年,该矿特种作业工种共有 10 个,操作证持有实际人数 833 人,有效操作证持有人数 833 人,其中井下爆破作业操作人员 103 人。

9.2 煤矿放炮事故风险识别

煤矿放炮事故风险主要包括煤矿"一炮三检"事故风险,煤矿爆炸材料存储、管理事故风险,煤矿爆炸材料运输事故风险和其他放炮事故风险。下面根据风险具体类别进行系统归类。

9.2.1 煤矿"一炮三检"事故风险

(1)事故危害
会产生有毒有害气体、高温、冲击波及次生事故等后果。
(2)致灾条件
存在瓦斯积聚。
(3)发生原因
"一炮三检"不到位,检查存在盲区。

（4）可能发生的地点

根据该矿井的地质构造、采掘部署、开采技术、管理水平等实际情况,可能产生"一炮三检"事故的地点有:炮掘巷道、炮采工作面。

综合分析,可能发生"一炮三检"事故风险的地点是:3607 一段－190 m 机巷掘进工作面,3404E1 段－134 m 机巷掘进工作面,35 区－270 m 矽抽巷掘进工作面,32 区－250 m 茅口抽采巷掘进工作面,32 区－200～－250 m 茅口边界回风上山掘进工作面。

9.2.2 煤矿爆炸材料存储、管理事故风险

（1）事故危害

爆炸材料属于易燃爆物品,在储存和使用中,可能发生爆炸事故,造成重大人身伤亡和财产损失事故。

（2）致灾条件

存在火源。

（3）发生原因

发生火灾没能及时控制。

（4）可能发生的地点

根据该矿井的地质构造、采掘部署、开采技术、管理水平等实际情况,可能产生爆炸材料存储、管理事故的地点有:井下爆破材料库。

9.2.3 煤矿爆炸材料运输事故风险

（1）事故危害

炸药、电管存在混装混运,在运输途中发生碰撞,导致电管、炸药爆炸,使巷道支护受到损坏,造成巷道垮塌;生成大量一氧化碳,并有可能引发瓦斯、煤尘参与爆炸,造成重大人身伤亡和财产损失事故。

（2）致灾条件

炸药、电管存在混装混运。

（3）发生原因

炸药、电管因混装混运,在运输途中发生碰撞。

（4）可能发生的地点

根据该矿井的地质构造、采掘部署、开采技术、管理水平等实际情况,可能产生爆炸材料运输事故的地点有:炸药、电管的运输路线。

9.2.4 其他放炮事故风险

（1）放炮伤人事故危害

造成人员受伤。

（2）致灾条件

放炮期间,出现撤人不到位、漏岗、搜寻路线不到位等情况。

（3）发生原因

致灾条件出现时人员未做好撤离与防护。

（4）可能发生的地点

根据该矿井的地质构造、采掘部署、开采技术、管理水平等实际情况,可能产生放炮伤人事故的地点有:3607 一段－190 m 机巷掘进工作面,3404E1 段－134 m 机巷掘进工作面,35 区－270 m 矽抽巷掘进工作面,32 区－250 m 茅口抽采巷掘进工作面,32 区－200～－250 m 茅口边界回风上山掘进工作面。

9.2.5 风险识别结果

通过系统分析,选取东林煤矿 32 区－200～－250 m 茅口边界回风上山掘进"一炮三检"事故风险、32 区－250 m 茅口抽采巷掘进"一炮三检"事故风险、35 区－270 m 矽抽巷掘进"一炮三检"事故风险等 12 个典型风险作为本次放炮事故风险评估方法研究对象,其识别清单如表9-1 所示。

表 9-1 东林煤矿放炮事故风险清单

序号	风险编码	功能区域	地理位置	风险类型
1	2A06-01	机电系统	32 区－200～－250 m 茅口边界回风上山掘进工作面	"一炮三检"事故风险
2	2A06-01	掘进工作面	32 区－250 m 茅口抽采巷掘进工作面	"一炮三检"事故风险
3	2A06-01	掘进工作面	35 区－270 m 矽抽巷掘进工作面	"一炮三检"事故风险
4	2A06-01	掘进工作面	3404E1 段－134 m 机巷掘进工作面	"一炮三检"事故风险
5	2A06-01	掘进工作面	3607 一段－190 m 机巷掘进工作面	"一炮三检"事故风险
6	2A06-02	井下炸药库	－100 m 水平炸药库	爆炸材料存储管理事故风险
7	2A06-03	井下大巷	主石门爆炸材料运输路线	爆炸材料运输风险
8	2A06-04	掘进工作面	32 区－200～－250 m 茅口边界回风上山掘进工作面	其他放炮事故风险
9	2A06-04	掘进工作面	32 区－250 m 茅口抽采巷掘进工作面	其他放炮事故风险
10	2A06-04	掘进工作面	35 区－270 m 矽抽巷掘进工作面	其他放炮事故风险
11	2A06-04	掘进工作面	3404E1 段－134 m 机巷掘进工作面	其他放炮事故风险
12	2A06-04	掘进工作面	3607 一段－190 m 机巷掘进工作面	其他放炮事故风险

9.3 放炮事故风险评估

9.3.1 风险评估方法

通过技术分析、实地勘察、集体会商等方式,多方论证确定突发事件发生的可能性、损害后果,采用矩阵分析法计算结果,按表 9-2 确定风险的危害等级。

表 9-2 风险矩阵等级表

等级	一般	较大	重大	特大
煤矿事故风险值(G)	0～6.25	6.26～12.59	12.60～18.75	18.76～25.00

9.3.2 放炮事故风险评估

为进行放炮事故风险评估,首先需要根据东林煤矿的实际情况,对每条风险点的放炮事故风险情景进行模拟,如表 9-3 所示。

表 9-3 东林煤矿放炮事故风险情景模拟

序号	风险编码	风险名称	情景模拟(场景设置)	备注
1	2A06-01	32 区－200～－250 m 茅口边界回风上山掘进工作面"一炮三检"事故风险	20××年××月××日××时××分,东林煤矿 32 区－200～－250 m 茅口边界回风上山发生一起"一炮三检"事故	
2	2A06-01	32 区－250 m 茅口抽采巷掘进工作面"一炮三检"事故风险	20××年××月××日××时××分,东林煤矿 32 区－250 m 茅口抽采巷发生一起"一炮三检"事故	
3	2A06-01	35 区－270 m 矽抽巷掘进工作面"一炮三检"事故风险	20××年××月××日××时××分,东林煤矿 35 区－270 m 矽抽巷发生一起"一炮三检"事故	
4	2A06-01	3404E1 段－134 m 机巷掘进工作面"一炮三检"事故风险	20××年××月××日××时××分,东林煤矿 3404E1 段－134 m 机巷发生一起"一炮三检"事故	
5	2A06-01	3607 一段－190 m 机巷掘进工作面"一炮三检"事故风险	20××年××月××日××时××分,东林煤矿 3607 一段－190 m 机巷发生一起"一炮三检"事故	
6	2A06-02	－100 m 水平炸药库爆炸材料存储、管理事故风险	20××年××月××日××时××分,东林煤矿炸药库发生一起爆炸材料存储、管理事故	
7	2A06-03	主石门爆炸材料运输路线事故风险	20××年××月××日××时××分,东林煤矿炸药库发生一起爆炸材料运输事故	
8	2A06-04	32 区－200～－250 m 茅口边界回风上山掘进工作面其他爆破事故风险	20××年××月××日××时××分,东林煤矿 32 区－200～－250 m 茅口边界回风上山发生一起放炮伤人事故	
9	2A06-04	32 区－250 m 茅口抽采巷掘进工作面其他爆破事故风险	20××年××月××日××时××分,东林煤矿 32 区－250 m 茅口抽采巷发生一起放炮伤人事故	
10	2A06-04	35 区－270 m 矽抽巷掘进工作面其他爆破事故风险	20××年××月××日××时××分,东林煤矿 35 区－270 m 矽抽巷发生一起放炮伤人事故	
11	2A06-04	3404E1 段－134 m 机巷掘进工作面其他爆破事故风险	20××年××月××日××时××分,东林煤矿 3404E1 段－134 m 机巷发生一起放炮伤人事故	
12	2A06-04	3607 一段－190 m 机巷掘进工作面其他爆破事故风险	20××年××月××日××时××分,东林煤矿 3607 一段－190 m 机巷发生一起放炮伤人事故	

（1）放炮事故风险采集表

以东林矿 32 区－200～－250 m 茅口边界回风上山掘进工作面"一炮三检"事故为例,其风险采集如表 9-4 所示。

表 9-4　东林煤矿"煤矿放炮事故"风险采集表

基本情况	风险名称	重庆南桐矿业东林煤矿放炮事故风险	
	风险类别	煤矿"一炮三检"事故风险	
	风险编码	2A06-01	
	所在地理位置	－350 m 水平	
	所处功能区	工业区	
	所在辖区（企事业单位或村社区）	重庆东林煤矿,属重庆南桐矿业责任有限公司管辖	

定性描述		
	信息点	具体情况
特性	风险描述	32 区－200～－250 m 茅口边界回风上山掘进工作面"一炮三检"事故
	风险自然属性	发生瓦斯爆炸
	风险社会特征	造成人员受伤
	发生原因（诱因）	"一炮三检"不到位
	曾经发生情况	无
	应对情况	迅速启动应急预案,井下立即撤人,组织施救,立即向相关部门报告等

定量描述			
类别	信息点	具体情况	信息来源
人	风险点及周边区域人员分布情况	32 区－200～－250 m 茅口边界回风上山掘进工作面有作业人员 6 人,周边区域有 3 人	重庆东林煤矿
	直接影响人数	3 人	
	可能波及人数	6	
经济	煤矿核定生产能力	38 万 t/a	重庆东林煤矿档案资料
	企事业单位个数	1 个	
	资产总额/万元	26915	
基础设施	通信设施	电信、移动通信,矿内程控通信	重庆东林煤矿档案资料、现场统计
	交通设施	直达矿区公路及运输工具,井下提升运输	
	供水设施	矿井排水系统及井下供水施救系统	
	电力设施	直达矿区高压线路供电及矿井供电系统	
	煤层气设施	瓦斯抽采系统	
	城市基础设施	无	
	生活必需品供应场所	矿区职工食堂	
	医疗服务机构	矿医务室	
	其他设施	无	

（2）风险损害后果计算表

东林煤矿 32 区－200～－250 m 茅口边界回风上山掘进工作面"一炮三检"事故风险的损害后果计算表如表 9-5 所示。

表 9-5　东林煤矿"煤矿放炮事故"风险损害后果计算表

煤矿事故场景设置	发生时间		20××年××月××日××时××分			
	发生地点		32 区－200～－250 m 茅口边界回风上山			
	事件名称		32 区－200～－250 m 茅口边界回风上山掘进工作面"一炮三检"事故			
	发生原因		"一炮三检"不到位			
	持续时间		1 h			
	影响范围		32 区－200～－250 m 茅口边界回风上山			
	事件经过		2016 年××月××日××时××分,32 区－200～－250 m 茅口边界回风上山发生掘进工作面一起"一炮三检"事故			
	造成的损失（危害）		造成 2 人伤亡,经济损失 1400 万			
	其他描述					

领域	缩写	损害参数	单位	预期损害规模	损害等级	损害规模判定依据
人（M）	M_1	死亡人数	人数	1	2	最多 6 人在工作面作业及巡查
	M_2	受伤人数	人数	1	1	最多 3 人在工作面周边作业及巡查
	M_3	暂时安置人数	人数	—	—	无须暂时安置人员
	M_4	长期安置人数	人数	—	—	无须长期安置人员
经济（E）	E_1	直接经济损失	万元	100	1	损毁的设备和巷道
	E_2	间接经济损失	万元	1300	2	停产停工
	E_3	应对成本	万元	200	2	救援开支
	E_4	善后及恢复重建成本	万元	100	1	设备更换,死亡人员赔付
社会（S）	S_1	生产中断	万 t/a（能力）;d（停产时间）	38;7	3	渝煤监管〔2013〕83 号文件
	S_2	政治影响	影响指标数;时间	2 个;24～48 h	4	影响政府对社会管理,影响公共秩序与安全
	S_3	社会心理影响	影响指标数;程度	2 个;小	3	给周边居民带来心理影响
	S_4	社会关注度	时间;范围	5 d;国内	3	国内媒体报道

Sum=$M+E+S$　　损害等级合计数:22　损害参数总数:10

损害后果＝损害等级合计数/损害参数总数　　损害后果:2.2

（3）可能性分析表

东林煤矿 32 区－200～－250 m 茅口边界回风上山掘进工作面"一炮三检"事故风险的可能性分析表如表 9-6 所示。

表 9-6　东林煤矿"煤矿放炮事故"风险可能性分析表

指标	释义	分级	可能性	等级	等级值
历史发生概率（Q_1）	根据过去 10 a 发生此类风险事故的频率，得出等级值	过去 10 a 发生 3 次以上	很可能	5	5
		过去 10 a 发生 3 次	较可能	4	
		过去 10 a 发生 2 次	可能	3	
		过去 10 a 发生 1 次	较不可能	2	
		过去 10 a 未发生	基本不可能	1	
风险承受能力（Q_2）	组织专家从评估对象自身的风险承受能力（稳定性）来判断发生此类煤矿事故的可能性	承受力很弱	很可能	5	4
		承受力弱	较可能	4	
		承受力一般	可能	3	
		承受力强	较不可能	2	
		承受力很强	基本不可能	1	
应急管理能力（Q_3）	2013—2015 年安全生产质量标准化评估结果的"应急救援"取值	应急管理能力很差（60 分以下）	很可能	5	2
		应急管理能力差（60～69 分）	较可能	4	
		应急管理能力一般（70～79 分）	可能	3	
		应急管理能力好（80～89 分）	较不可能	2	
		应急管理能力很好（90～100 分）	基本不可能	1	
专家综合评估（Q_4）	由风险管理单位牵头，不同类型的专家及相关人员参与，通过技术分析、集体会商、多方论证评估得出此类煤矿事故发生可能性		很可能	5	4
			较可能	4	
			可能	3	
			较不可能	2	
			基本不可能	1	

Sum＝Q_1＋Q_2＋Q_3＋Q_4　　　　　　　等级值合计数：15

指标总数：4

Q（发生可能性值）＝等级值合计数/指标总数　　　发生可能性值：3.75

（4）风险矩阵图及计算风险值

东林煤矿 32 区－200～－250 m 茅口边界回风上山掘进工作面"一炮三检"事故风险的风险值计算函数 $G＝F(I,P)$ 可表达为：G（风险值）＝I（损害后果值）×P（发生可能性值），其风险值 $G＝I×P＝2.2×3.75＝8.25$。

9.3.3　风险等级确定

根据上述可知，东林煤矿 32 区－200～－250 m 茅口边界回风上山掘进工作面"一炮三检"事故风险的风险值为 8.25,查表 9-2 风险矩阵表得到其风险等级值为较大。采用相同的计算方法,东林煤矿"煤矿放炮事故风险"各评估值如表 9-7 所示。

表 9-7 东林煤矿"煤矿放炮事故风险"风险值

序号	风险编码	风险名称	损害后果值	发生可能性值	风险值	风险等级
1	2A06-01	32 区－200～－250 m 茅口边界回风上山掘进工作面"一炮三检"事故风险	2.2	3.75	8.25	较大
2	2A06-01	32 区－250 m 茅口抽采巷掘进工作面"一炮三检"事故风险	2	3.75	7.5	较大
3	2A06-01	35 区－270 m 矽抽巷掘进工作面"一炮三检"事故风险	2	3.25	6.5	较大
4	2A06-01	3404E1 段－134 m 机巷掘进工作面"一炮三检"事故风险	2	3.25	6.5	较大
5	2A06-01	3607 一段－190 m 机巷掘进工作面"一炮三检"事故风险	2	3.25	6.5	较大
6	2A06-02	－100 m 水平炸药库爆炸材料存储、管理事故风险	2.7	2	5.4	一般
7	2A06-03	主石门爆炸材料运输路线事故风险	2.7	2	5.4	一般
8	2A06-04	32 区－200～－250 m 茅口边界回风上山掘进工作面其他爆破事故风险	2.1	3	6.3	较大
9	2A06-04	32 区－250 m 茅口抽采巷掘进工作面其他爆破事故风险	2.1	3	6.3	较大
10	2A06-04	35 区－270 m 矽抽巷掘进工作面其他爆破事故风险	1.7	3	5.1	一般
11	2A06-04	3404E1 段－134 m 机巷掘进工作面其他爆破事故风险	1.6	3.25	5.2	一般
12	2A06-04	3607 一段－190 m 机巷掘进工作面其他爆破事故风险	1.6	3	4.8	一般

9.4 放炮事故风险防控措施

本节针对煤矿"一炮三检"事故风险,煤矿爆炸材料存储、管理事故风险,煤矿爆炸材料运输事故风险和其他放炮事故风险,有的放矢地制定防控措施。

9.4.1 煤矿"一炮三检"事故风险

(1)管理措施

东林煤矿矿井建立了《东林煤矿井下爆破管理制度》,配齐了放炮员并严格持证上岗,建立放炮员管理台账。

严格执行"一炮三检"制度,并有专门的"一炮三检"记录手册供人员随身携带备查。

每月定期开展爆破专项执法。

（2）技术措施

① 所有人员必须严格执行"一炮三检"制度和"三人连锁"放炮管理规定,瓦斯超限时严禁放炮,按照《煤矿安全规程》规定认真处理。"一炮三检"和"三人连锁"指装药前、爆破前（起爆点）、爆破后,爆破工、班（组）长、瓦斯检查员都必须在现场检查风流中的瓦斯浓度,最终以检查出的风流中最高瓦斯浓度值为依据。

② 装药前检查瓦斯:装药前爆破工、班（组）长、瓦斯检查员必须在现场分别检查风流中的瓦斯浓度,最终以最大瓦斯浓度值作为检查结果和处理依据。当爆破地点附近 20 m 以内风流中瓦斯浓度达到 1.0% 时,不准装药。

③ 装药后紧接爆破前检查瓦斯:紧接爆破前爆破工、班（组）长、瓦斯检查员必须在现场分别检查风流中的瓦斯浓度,最终以最大瓦斯浓度值作为检查结果和处理依据。当爆破地点附近 20 m 以内风流中瓦斯浓度达到 1.0% 时,不准爆破;检查后 30 min 未爆破必须重新检查瓦斯,否则不准爆破。

④ 启爆地点爆破前检查瓦斯:爆破前爆破工、班（组）长、瓦斯检查员必须在现场分别检查风流中的瓦斯浓度,最终以最大瓦斯浓度值作为检查结果和处理依据。当起爆地点上风流 20 m 以内风流中瓦斯浓度达到 1.0% 时,不准爆破。

⑤ 爆破后检查瓦斯:爆破后爆破工、班（组）长、瓦斯检查员必须在现场分别检查风流中的瓦斯浓度,最终以最大瓦斯浓度值作为检查结果和处理依据。当爆破地点附近 20 m 以内风流中和回风流中的瓦斯浓度小于 1.0% 时,方可恢复作业。

⑥ 在打好眼后装药前,瓦斯检查员必须按《煤矿安全规程》规定,检查瓦斯和二氧化碳浓度,凡瓦斯、二氧化碳浓度超限,必须按照《煤矿安全规程》的规定,停止打眼,采取措施进行处理。只有瓦斯、二氧化碳浓度符合安全规定时,方可装药。

⑦ 在放炮前班长必须按规定进行撤人警戒,待警戒区内所有人员撤除,并布置好警戒后,在放炮前瓦检员检查瓦斯、二氧化碳符合安全规定时,方可通知放炮员连线放炮。放炮员最后撤出放炮点。

⑧ 加强局部通风的管理,防止出现无风或微风作业,杜绝出现瓦斯积聚现象;待警戒区内所有人员撤除,按"三人连锁"放炮管理规定放炮。

⑨ 放炮结束后,由班长,放炮员、瓦斯检查员、安全员共同检查放炮后放炮点气体及支护情况、有无瞎炮,无异常方可撤除警戒。

⑩ 瓦斯检查员对装药前、爆破前、爆破后瓦斯、二氧化碳浓度必须记录在瓦斯检查手册上,并及时填绘在井下作业点上的瓦检牌报上,同时通知地面值班室做好记录。

（3）应急准备

① 每年度进行矿井全员防灾培训并考试。

② 每年度编制矿井灾害预防和处理计划,每季度进行一次复审并执行。

③ 作业人员必须熟悉作业地点环境及避灾路线。

9.4.2　煤矿爆炸材料存储、管理事故风险

（1）管理措施

东林煤矿井下炸药库分别设置在 −100 m 北茅口运输巷和 −350 m 南茅口运输大巷车场附近。上级有关部门对井下炸药库进行验收,认为具备储存爆破物品的要求,同意投入方可使用。−100 m 北茅口运输巷炸药库正在使用,各种管理制度均健全,正常测雷管全电阻,均有

记录。

爆破材料的使用过程中，针对领取、退还、保管、制药、装药、放炮、警戒、瞎炮处理等，有以下管理规定：《火工品领取退还制度》《火工品储存保管制度》《火工品制药装药制度》《雷管电阻检查编号制度》《炸药库防火警戒制度》《火药销毁处理制度》《火工品管理奖惩制度》。

爆炸物品的入库必须由安全员、押运员、库房保管员三人现场交接、签名检查，核对入库数量做到准确无误方可入库。

保管员必须如实记录民用爆炸物品进出库数量、流向和储量，每天核对民用爆炸物品库存情况，并按规定将上述信息录入民用爆炸物品信息管理系统。

爆炸物品的出库必须由爆破员领取，非涉爆人员一律不准领取爆炸物品，如同时领取雷管和炸药必须由两人以上方可领取。

使用班组要根据当班工作定额提出炸药、雷管需要量，申请经主管领导批准签字后凭此单据保管员才准发放。

爆破员领取雷管时必须出示爆破员作业证，储存库保管员发放爆炸物品时应登记好数量、规格、条码编号、箱号领取人签字。

领取爆破物品时，雷管要装入防爆式便携箱中，进入现场后炸药和雷管不得随意乱扔乱放。

现场每班实际使用量要由批准人负责核实、认真填写爆破作业登记表，对爆破器材领取情况、爆破作业情况、爆破器材退库情况要如实登记，确认无误后由批准人、爆破员、保管员、安全员四人签字认可。

爆破作业完毕后要及时检查、清理，现场剩余的炸药和雷管要在当班使用后立即清退回储存库房，严禁个人私存，退还后保管员必须做好登记工作。

保管员必须每天核对民用爆炸物品库存情况，坚持日清月结，认真填写爆炸物品出入库登记簿，做到账目清楚、账物相符，发现差错及时查找原因并报告有关部门。

加强记录仪器、物品的管理不得遗失、转借。按规定时间及时到上级公安机关上报记录数据，确保爆破器材的安全使用。

严格执行购买、运输、储存、领用、发放、清退、看护的有关规定，手续齐全，登记完整，有关资料至少保存两年。

（2）技术措施

① 炸药库总储存量严格按公安机关核定允许储存量进行储存，不得超储。

② 严禁把易燃、易爆等物品带入井下，严禁无关人员进入炸药库，检修人员必须使用带绝缘性能的矿灯，在库管人员的监护下进入库内。

③ 库管人员工作时严禁擅离职守，做到手上交接班，做好交接班记录。

④ 完善炸药库的消防安全设施，并定期检查维护。

（3）应急准备

① 火工产品管理纳入年度矿井灾害预防和处理计划。

② 作业人员必须熟悉作业地点环境及避灾路线。

9.4.3 煤矿爆炸材料运输事故风险

（1）管理措施

① 建立、健全爆破材料装卸、运输管理制度。

② 成立爆破器材管理领导小组,明确各自职责。

③ 每月定期组织两次火工产品专项检查。

(2)技术措施

① 装运爆破器材时,炸药、电管必须分装、分运,严禁混装。

② 运输过程中,运输路线上不得有其他人员。

③ 运输时,电机车的速度必须符合安全规程要求。

(3)应急准备

① 火工产品管理纳入年度矿井灾害预防和处理计划。

② 作业人员必须熟悉作业地点环境及避灾路线。

9.4.4 其他放炮事故风险

(1)管理措施

① 编制《井下爆破管理制度》,并严格按制度执行。

② 每月组织爆破工、瓦检工进行培训,强调"一炮三检""三人连锁"制度的重要性。

③ 每月定期开展爆破专项执法。

(2)技术措施

① 作业规程中明确岗哨布置及搜寻路线,特别是多岗点的作业地点。

② 现场必须有放炮"三警戒"及调度电话。

③ 起爆前,班组长必须确认岗哨到位后,才准下命令起爆。

(3)应急准备

① 每年度进行矿井全员防灾培训并考试。

② 每年度编制矿井灾害预防和处理计划,每季度进行一次复审并严格执行。

③ 作业人员必须熟悉作业地点的岗哨布置情况及搜寻路线。

9.5 本章小结

(1)选取东林煤矿 32 区−200～−250 m 茅口边界回风上山掘进工作面"一炮三检"事故风险、32 区−250 m 茅口抽采巷掘进工作面"一炮三检"事故风险、35 区−270 m 矽抽巷掘进工作面"一炮三检"事故风险等 12 个典型风险作为该矿放炮事故风险评估对象。

(2)根据《重庆市煤矿安全生产风险评估实施细则》和《重庆市煤矿安全生产风险管理工作培训教材》的"风险损害后果计算表"和"风险可能性分析表",组织专家对以上事故风险进行量化打分,取上限值,最终得出 32 区−200～−250 m 茅口边界回风上山掘进工作面"一炮三检"事故风险、32 区−250 m 茅口抽采巷掘进工作面"一炮三检"事故风险、35 区−270 m 矽抽巷掘进工作面"一炮三检"事故风险、3404E1 段−134 m 机巷掘进工作面"一炮三检"事故风险、3607 一段−190 m 机巷掘进工作面"一炮三检"事故风险、32 区−200～−250 m 茅口边界回风上山掘进其他爆破事故风险、32 区−250 m 茅口抽采巷掘进工作面其他爆破事故风险 7 个风险为较大风险,其余 5 个风险等级为一般。

(3)在风险防控方面,以历史事故为依据,根据放炮事故风险的情景-应对模式,制定了煤矿"一炮三检"事故风险,煤矿爆炸材料存储、管理事故风险,煤矿爆炸材料运输事故风险和其他放炮事故风险的防控措施。

　　(4)东林煤矿 2006—2015 年有 4 次放炮导致人员死亡事故,建议东林煤矿加强对放炮事故风险的日常监测、监控,动态完善重大事故风险监测、监控措施,及时补充修改应急预案,进行演练。

参考文献

[1] 国家安全生产监督管理总局.煤矿安全风险预控管理体系 规范:AQ/T 1093—2011[S].

[2] 董继业,傅贵,陈泽,等.近年来我国煤矿放炮事故统计分析及启示[J].煤矿现代化,2013(3):89-91.

[3] 杨文旺,傅贵,董继业,等.煤矿放炮事故不安全动作分析及解决对策[J].煤矿安全与劳动保护,2013,44(6):230-232.

[4] 赵建华.煤矿放炮事故现状及对策研究[J].煤矿爆破,2009(1):22-23.

[5] 董继业,傅贵,贾帅动.煤矿放炮事故现状与预防方法研究[J].中州煤炭,2013(7):111-128.

[6] 孙成坤,傅贵,董继业,等.行为控制方法在煤矿放炮事故预防中的应用研究[J].中国安全生产科学技术,2013,9(1):107-111.

[7] 李勇.岩巷爆破有害气体分析及防范措施[J].中州煤炭,2015(2):37-38,109.

[8] 何会民,冯书杰,冯卫.浅谈煤矿放炮安全管理有效预防爆破事故[J].煤,2010,19(3):49-50.

[9] 乔国厚.煤矿安全风险综合评价与预警管理模式研究[D].武汉:中国地质大学,2014.

[10] 郑万波,吴燕清,李先明,等.省级区域煤矿事故风险综合评估方法研究[J].工矿自动化,2016,42(9):23-26.

[11] 李光荣,杨锦绣,刘文玲,等.2 种煤矿安全管理体系比较与一体化建设途径探讨[J].中国安全科学学报,2014,24(4):117-122.

[12] 郑万波,吴燕清,李先明,等.重庆市煤矿安全生产风险管理关键技术及应用[J].中州煤炭,2016(12):16-21.

[13] 郑万波,吴燕清,李平,等.ICS 架构下的矿山应急指挥通信系统层次模型[J].山东科技大学学报(自然科学版),2015,34(2):86-94.

[14] 郑万波,吴燕清,刘丹,等.矿山应急指挥平台体系层次模型探讨[J].工矿自动化,2015,41(11):69-73.

[15] 郑万波,吴燕清.矿山应急救援指挥综合通信系统设计[J].工矿自动化,2016,42(3):84-86.

[16] 郑万波,吴燕清,李先明,等.基于应急管理机制的矿山应急救援指挥信息传递模型探讨[J].中国安全生产科学技术,2014,10(S):293-299.

[17] 郑万波.矿山应急救援指挥信息沟通及传递网络模型研究[J].现代矿业,2016,32(7):184-186,225.

[18] 郑万波,吴燕清.矿山应急救援装备体系综合集成研讨厅的体系架构模型研究[J].中国安全生产科学技术,2016,12(S1):272-277.

[19] 郑万波,吴燕清,等.地震勘探中多炮远程控制系统设计[J].煤田地质与勘探,2013,41(6):64-66.

[20] 郑万波,吴燕清,等.基于 EDSL 的防爆地质超前探测远程控制装置设计及应用[J].煤田地质与勘探,2011,39(5):66-68.

[21] 郑万波.基于 WIFI 与 xDSL 的矿井应急救援多媒体综合通信系统设计及应用[J].山东科技大学学报(自然科学版),2012,31(2):68-73.

[22] 胡运兵,吴燕清,郑万波.矿井超前地质探测仪无线多炮远程控制系统设计[J].地质科技情报,2016,35(1):200-204.

[23] 卢杰,马艳斌.煤矿爆破事故的预防及处理[J].中州煤炭,2007(2):83-84.

[24] 秦龙头,许克鸣,吕学晓,等.岩巷掘进中瞎炮事故原因分析及预防措施[J].中州煤炭,2012(9):107-109.

10 煤矿安全生产火灾事故风险管理体系在东林煤矿的应用

目前,国内广泛开展煤矿火灾事故灾害致灾机理[1]、煤矿火灾事故风险识别理论[2,3]、煤矿火灾事故风险评价方法[4-9]、煤矿火灾事故风险预控[10-12]、煤矿综合事故风险防控一体化体系建设和应用实践[13-22]研究,以及事故风险预警与应急处置决策信息平台研究[23-30]。本章针对南方煤矿安全生产火灾风险管理评估的问题,选取东林煤矿火灾事故(煤层自燃倾向性等级均为Ⅱ类)为分析对象,首先,列出矿井火灾事故风险并采集煤矿火灾事故风险信息;其次,建立矿井火灾事故人、机、环、管耦合的事故模拟情景,计算矿井火灾事故风险损害后果和风险可能性,绘制矿井火灾事故风险矩阵图,得出事故风险等级值;再次,根据矿井火灾事故风险评估的结果,形成动态事故风险监测机制,提出火灾事故风险的管理标准、技术措施、管理措施和应急准备,为矿井火灾事故风险管理提供一个典型应用案例。

10.1 矿井火灾事故基本情况

东林煤矿 2006—2015 年无火灾事故发生。

(1)煤层自燃发火倾向性鉴定情况

煤的自燃倾向性鉴定:根据煤炭科学研究总院重庆研究院煤自燃倾向性鉴定报告可知,该矿 6#煤层(K₁煤层)、4#煤层(K₃煤层)自燃倾向性等级均为Ⅱ类,属自燃煤层。

(2)防止煤层自燃的手段

采掘技术措施:以最高的回采率、最快的回采速度、最严密的隔绝措施、最少的切割量加以防范。对服务时间较长的巷道,采用集中岩巷和岩石上山的开拓方式;采用正规的采煤方法,提高煤炭回收率,减少巷道漏风。

通风技术措施:采用均压通风技术,减少漏风;优选进风线路较短的对角式通风方式;采面选后退式,避免前进式;加强 CO 的观测,有异常的点及时采取措施。

10.2 煤矿火灾事故风险识别

10.2.1 煤层自燃事故风险

(1)事故危害

煤层自燃会产生一氧化碳、二氧化碳、二氧化硫和烟尘等,造成井下中毒人员伤亡,损害人员身体健康;尤其是发生在采空区或煤柱里段内因火灾,往往在短期内难以消灭,必须采取封闭火区的处理方法,从而使大量煤炭冻结,导致矿井生产持续紧张;引起瓦斯、煤层爆炸事故;风流紊乱;煤炭资源的冻结、烧毁,灭火器材的消耗,设备设施的破坏,人员伤亡的资料和善后处理等将造成巨大经济损失和严重的环境污染。

(2)致灾条件

煤层本身具有自燃倾向性,有连续不断的供氧条件,有散热不良、热量易于积聚的环境,连续适量的供给空气,煤呈碎裂状态存在这四个条件。

(3)发生原因

内在因素:①煤的化学成分和变质程度;②煤岩组分;③煤的水分;④煤的含硫量;⑤煤的孔隙率和脆性。

外在因素:①煤层赋存条件。煤层厚度和倾角越大,自燃危险性越大,开采厚煤层或急倾斜煤层时,煤炭回收率低,采区煤柱易遭到破坏,采空区不易封闭,漏风较大,煤层越厚,越容易积聚热量。②煤层埋藏深度。煤层埋藏越深,煤体的原始温度越大,煤体内水分减少,使煤的自燃危险性增大;因地质构造和围岩性质加大煤层瓦斯含量、煤的含硫量、煤的孔隙率和脆性。③开采技术因素。如开拓方式,采煤方法,通风条件等。

(4)可能发生的地点

根据该矿井的开拓方式、采煤方法和通风条件等实际情况,可能发生地点有:3607一段采煤工作面、3409一段采煤工作面、2606E4段采煤工作面、3404E1段采煤工作面。采空区不易隔绝、工作面漏风较大的地点有:3607一段采煤工作面、3409一段采煤工作面。

综合分析,煤层具有自燃倾向性、工作面遗煤较多、采空区不易隔绝、漏风较大的工作面有:3409一段采煤工作面、3607一段采煤工作面。

10.2.2 火区管理事故风险

(1)事故危害

井下火区未直接扑灭而予以封闭的区域称为火区。火区管理不当可能造成火区复燃,产生大量CO等有毒有害气体,流散至有人员作业的地方,造成人员伤亡。

(2)致灾条件

火区管理事故发生的条件:①井下存在火区;②火区管理不当,发生事故。

(3)发生原因

①火区封闭不可靠;②火区防灭火措施执行不好;③火区定期检测不到位;④不按规定启封火区;⑤违反火区管理规定的其他原因。

(4)可能发生的地点

无。

10.2.3 井下明火作业事故风险

(1)事故危害

引起火灾事故,烧毁设备设施,产生有毒有害气体,产生高温,造成风流紊乱,引发瓦斯爆炸等。

(2)致灾条件

①存在明火作业。②作业场所有可燃物。③明火作业未按措施要求施工。

(3)发生原因

①作业前未收净现场与作业无关的可燃物;②未按规定对作业现场进行洒水等防火措施;③未按规定在现场配备灭火器等消防器材;④违反防灭火措施的其他原因。

(4)可能发生的地点

井下明火作业地点。

10.2.4　其他火灾事故风险

（1）事故危害

烧毁设施、设备；生成大量的有害气体，造成人员中毒、窒息死亡，还有可能发生触电事故。

（2）致灾条件

① 电气设备出现故障，释放热能产生电火花；②设备附近有可燃物。

（3）发生原因

①电气设备、缆线失爆；②电气设备漏电、短路、过负荷等；③电气设备、线路检修不到位；④设备附近使用可燃性材料支护；⑤电缆接线盒接线质量差，造成三相短路，产生高温灼热电弧，引燃附近可燃物导致火灾事故；⑥引起电气火灾的其他原因。

（4）可能发生的地点

−220～−340 m 皮带运输下山、2606E4 段采煤工作面、3404E1 段−134 m 机巷掘进工作面、3404E1 段采煤工作面、3409 一段采煤工作面、3607 一段−190 m 机巷掘进工作面、3607 一段采煤工作面、地面～−350 m 水平皮带运输斜井。

10.2.5　风险识别结果

通过系统分析，选取东林煤矿 3409 一段采煤工作面采空区煤层自燃事故、3607 一段采煤工作面采空区煤层自燃事故、井下明火作业事故等 11 个典型风险（表 10-1）作为本次火灾事故风险评估对象。

表 10-1　东林煤矿火灾事故风险清单

序号	风险编码	功能区域	地理位置	风险类型
1	2A07-01	回采工作面	3409 一段采煤工作面采空区	煤层自燃事故
2	2A07-01	回采工作面	3607 一段采煤工作面采空区	煤层自燃事故
3	2A07-03	井下	井下	井下明火作业事故
4	2A07-04	运煤系统	−220～−340 m 皮带运输下山	其他火灾事故
5	2A07-04	回采工作面	2606E4 段采煤工作面	其他火灾事故
6	2A07-04	掘进工作面	3404E1 段−134 m 机巷掘进工作面	其他火灾事故
7	2A07-04	回采工作面	3404E1 段采煤工作面	其他火灾事故
8	2A07-04	回采工作面	3409 一段采煤工作面	其他火灾事故
9	2A07-04	掘进工作面	3607 一段−190 m 机巷掘进工作面	其他火灾事故
10	2A07-04	回采工作面	3607 一段采煤工作面	其他火灾事故
11	2A07-04	运煤系统	地面～−350 m 水平皮带运输斜井	其他火灾事故

10.3　火灾事故风险评估

10.3.1　风险评估方法

采用矩阵分析法，通过量化分析风险引发煤矿风险事故的可能性和损害后果参数，确定煤矿事故风险等级（表 10-2）。

表 10-2　风险矩阵等级表

等级	一般	较大	重大	特大
煤矿事故风险值(G)	0～6.25	6.26～12.59	12.60～18.75	18.76～25.00

10.3.2　火灾事故风险评估

东林煤矿火灾事故风险情景模拟如表 10-3 所示。

表 10-3　东林煤矿火灾事故风险情景模拟

序号	风险编码	风险名称	情景模拟(场景设置)	备注
1	2A07-01	3409 一段采煤工作面采空区煤层自燃事故风险	20××年××月××日××时××分,东林煤矿 3409 一段采煤工作面因采空区留有遗煤,漏风大,导致煤体聚热发生采空区煤层自燃	
2	2A07-01	3607 一段采煤工作面采空区煤层自燃事故风险	20××年××月××日××时××分,东林煤矿 3607 一段采煤工作面因采空区留有遗煤,漏风大,导致煤体聚热发生采空区煤层自燃	
3	2A07-03	井下明火作业事故风险	20××年××月××日××时××分,东林煤矿－100 m 主石门大巷明火作业场所存在可燃物被点燃事故	
4	2A07-04	－220～－340 m 皮带运输下山其他火灾事故风险	20××年××月××日××时××分,东林煤矿－220～－340 m 皮带运输下山发生电气火灾事故。电缆接线盒接线质量差,电气设备超负荷运行,造成三相短路,产生高温灼热电弧,引燃附近可燃物	
5	2A07-04	2606E4 段采煤工作面电气火灾事故其他火灾事故风险	20××年××月××日××时××分,东林煤矿 2606E4 段采煤工作面发生电气火灾事故	
6	2A07-04	3404E1 段－134 m 机巷掘进工作面其他火灾事故风险	20××年××月××日××时××分,东林煤矿 3404E1 段－134 m 机巷工作面发生电气火灾事故	
7	2A07-04	3404E1 段采煤工作面其他火灾事故风险	20××年××月××日××时××分,东林煤矿 3404E1 段采煤工作面发生电气火灾事故	
8	2A07-04	3409 一段采煤工作面其他火灾事故风险	20××年××月××日××时××分,东林煤矿 3409 一段采煤工作面发生电气火灾事故	

续表

序号	风险编码	风险名称	情景模拟（场景设置）	备注
9	2A07-04	3607 一段 −190 m 机巷掘进工作面其他火灾事故风险	20××年××月××日××时××分,东林煤矿 3607 一段 −190 m 机巷工作面发生电气火灾事故	
10	2A07-04	3607 一段采煤工作面其他火灾事故风险	20××年××月××日××时××分,东林煤矿 3607 一段采煤工作面发生电气火灾事故	
11	2A07-04	地面～−350 m 水平皮带运输斜井其他火灾事故风险	20××年××月××日××时××分,东林煤矿地面～−350 m 水平皮带运输斜井发生电气火灾事故	

（1）火灾事故风险采集表

以东林煤矿"3409 一段采煤工作面采空区煤层自燃事故风险"为例,风险采集如表 10-4 所示。

表 10-4 东林煤矿"煤层自燃事故风险"风险采集表

基本情况	风险名称	东林煤矿火灾事故风险
	风险类别	煤自燃事故风险
	风险编码	2A07-01
	所在地理位置	−350 m 水平
	所处功能区	工业区
	所在辖区（企事业单位或村社区）	南桐中心管辖

定性描述		
	信息点	具体情况
特性	风险描述	3409 一段采煤工作面采空区煤层自燃
	风险自然属性	煤自燃产生 CO、高温,引发瓦斯爆炸等
	风险社会特征	造成人员伤亡、中毒;工作场所、设备、设施破坏;经济损失
	发生原因（诱因）	煤层聚热、防灭火措施不到位等
	曾经发生情况	无
	应对情况	迅速启动应急预案,井下立即撤人,组织施救,立即向相关部门报告等

定量描述			
类别	信息点	具体情况	信息来源
人	风险点及周边区域人员分布情况	3409 一段采煤工作面有作业人员 22 人,周边区域有 2 人	东林煤矿工作部署
	直接影响人数	2 人	
	可能波及人数	22 人	
经济	煤矿核定生产能力	38 万 t/a	东林煤矿档案资料
	企事业单位个数	1 个	
	资产总额/万元	26915	

类别	信息点	具体情况	信息来源
基础设施	通信设施	电信和移动通信,矿内程控通讯,六大系统	东林煤矿现场统计、档案资料
	交通设施	井下提升运输,直达矿区公路,运输工具	
	供水设施	井下供水施救系统,矿井排水系统	
	电力设施	矿井供电系统,直达矿区高压线路供电	
	煤层气设施	瓦斯抽采系统	
	城市基础设施	无	
	生活必需品供应场所	职工食堂	
	医疗服务机构	医务室	
	其他设施	无	

(2)风险损害后果计算表

按照参考文献[16]计算,东林煤矿"3409 一段采煤工作面采空区煤层自燃事故风险"的损害后果。损害量化总和:Sum＝人(M)＋经济(E)＋社会(S)。损害等级合计数:20;损害参数总数:9;损害后果＝损害等级合计数/损害参数总数≈2.22。

(3)可能性分析表

按照参考文献[16]的计算方法,东林煤矿"3409 一段采煤工作面采空区煤层自燃事故风险"的可能性分析表,其可能性总和 Sum＝Q_1(历史发生概率)＋Q_2(风险承受能力)＋Q_3(应急管理能力)＋Q_4(专家综合评估)＝10。指标总数:4;Q(发生可能性值)＝等级值合计数/指标总数＝2.5。

(4)风险矩阵图及计算风险值

东林煤矿"3409 一段采煤工作面采空区煤层自燃事故风险"的风险值计算函数可表达为:G(风险值)＝P(发生可能性值)×I(损害后果)。所以,其风险值 G＝P×I＝2.22×2.5＝5.55。因此,查表 10-2 得出"3409 一段采煤工作面采空区煤层自燃事故"的风险值为5.55,其风险等级为一般。采用相同的计算方法,得出东林煤矿"煤矿火灾事故风险"评估值,如表 10-5 所示。

表 10-5　东林煤矿"煤矿火灾事故风险"风险值

序号	风险编码	事故风险	损害后果值	可能性分析值	风险值	风险等级
1	2A07-01	3409 一段采煤工作面采空区煤层自燃事故	2.22	2.5	5.55	一般
2	2A07-01	3607 一段采煤工作面采空区煤层自燃事故	2.1	3.5	7.35	较大
3	2A07-03	井下明火作业事故	2.4	2.5	6	一般
4	2A07-04	－220～－340 m 皮带运输下山电气火灾事故	2.1	2.5	5.25	一般
5	2A07-04	2606E4 段采煤工作面电气火灾事故	2.5	2.5	6.25	一般

续表

序号	风险编码	事故风险	损害后果值	可能性分析值	风险值	风险等级
6	2A07-04	3404E1 段－134 m 机巷掘进工作面电气火灾事故	2.22	2.25	4.995	一般
7	2A07-04	3404E1 段采煤工作面电气火灾事故	2.25	2.75	6.1875	一般
8	2A07-04	3409 一段采煤工作面电气火灾事故	2	2.25	4.5	一般
9	2A07-04	3607 一段－190 m 机巷掘进工作面电气火灾事故	2.5	2.5	6.25	一般
10	2A07-04	3607 一段采煤工作面电气火灾事故	2.1	2.25	4.725	一般
11	2A07-04	地面～－350 m 水平皮带运输斜井电气火灾事故	2.1	2.5	5.25	一般

10.4　火灾事故风险防控措施

本节针对煤层自燃事故风险、煤矿火区管理事故风险、煤矿井下明火作业事故风险和其他火灾事故风险,有的放矢地制定防控措施。

10.4.1　煤层自燃事故风险

(1)管理措施

① 编制《防灭火管理制度》和《防治煤层自燃发火专项措施》,严格按制度执行。

② 成立防灭火岗位工作职责,明确各级人员的职责。

③ 定期开展防灭火专项检查。

④ 巷道高冒点防火管理。当巷道出现高冒点时,首先对高冒点进行全面喷浆,然后绞顶背护严实。每班对高冒点检查 1 次瓦斯和二氧化碳浓度、并观察发火征兆。救护队每月取样化验 1 次,化验结果送相关部门及领导。

⑤ 灭火器设置。综掘工作机上必须有 2～4 具灭火器,碛头后方 50 m 处配备 4～6 组灭火器。采煤工作面配置 4 具,移变硐室配置 2 具,随工作面的推移而移动,运输巷皮带机撤除后,在顺槽溜子机头处存放 2 具。

(2)技术措施

① 矿井、采区设计、巷道布置的防治火灾安全技术措施,包括回采工作面减少采空区遗煤,采区密闭采用均压防灭火,尽量减少漏风,取样化验和监测系统观测各点的 CO 变化情况。

② 矿井采用全部垮落法管理顶板,一次性采全高,巷道布置比较简单,便于加快回采速度,缩短采空区暴露时间。

③ 采用综合机械化采煤,合理调控采煤工作面回采推进度,既可提高产量又可在时间和空间上减少煤炭的氧化作用,采完后按有关规定加强对采空区管理。

④ 采煤队必须采尽顶煤,每班将工作面的浮煤清理干净。工作面每次回撤时,必须清净浮煤,洒生石灰并用水冲湿。

⑤ 通风措施。矿井在开采过程中,工作面采用"U"形+"引排"的通风方式,新风和乏风均不通过采空区,漏风少。废巷密闭、采空区密闭、煤层巷道密闭都采用不燃性材料,施工质量必须严密不漏气。矿井通风系统畅通,通风网络阻力小,主通风机负压尽可能低,避免高负压通风。

⑥ 日常应加强对采空区、废巷密闭的检查,发现漏气应及时处理。

⑦ 其他措施。对采空区进行预防性注氮、注浆。矿井应按规定完善防灭火系统及其附属设施,并制定防治自燃发火的设计及安全技术措施等。

10.4.2 煤矿火区管理事故风险

(1)火区封闭

火区封闭原则:火区的封闭范围一定要小,封闭一定要严;封闭火区时,要有专人检查一氧化碳、瓦斯、氧气等气体的浓度和风流变化情况等。防火墙位置的选取:防火墙要求设置在距火源近且支护条件较好的地段。火区封闭顺序符合相关技术要求,尤其是瓦斯突出矿井。

(2)火区(防火墙)管理

防火墙的管理符合相关技术规定;火区内火灾状态根据气体成分的变化进行综合定量分析,判定火区内火灾是否燃烧、趋于熄灭或已经熄灭,从而制定出相应的措施。

(3)火区启封

火区启封的条件为指标持续稳定时间在1个月以上。火区启封:启封火区必须事先制定专门措施,在火区相连的巷道内应采取其他措施。

10.4.3 煤矿井下明火作业事故风险

(1)管理措施

井下(含井口房内)进行电焊、气焊、喷灯焊接等工作,每次必须制定和审批《井下明火报告》。

井下所有回风巷道内均不准进行明火作业,煤层巷道(包括工作面进风)严禁进行明火作业;直接进入采掘工作面的风流中严禁进行明火作业;如特殊情况不得不进行明火作业时,必须停止一切工作。

《井下明火报告》必须在明火作业前一天编制、审批完成。

《井下明火报告》必须严格执行审批制度,如果未经总工程师及矿长同意并审批签字擅自施工明火作业的,将严厉追究申请明火作业单位的分管领导责任。

在办理审批前,根据作业现场情况由申请明火单位的分管领导主持编制《井下明火报告》。

一个《井下明火报告》只能在一个地点使用一次,严禁"通用"措施或同一地点多次使用一个《井下明火报告》。

明确明火作业范围及使用要求,明确相关审签标准,明确现场作业的控制标准。作业人员必须持证上岗,安全科应安排专人现场检查,监管施工人员的安全施工;通风队必须派专职瓦斯检查工到现场进行瓦斯检测,并保证每10 min测一次瓦斯浓度,发现超限立即停止作业,切断电源、熄灭火源,汇报调度室,通知领导进行处理。

(2)技术措施

施工前,施工地点前后10 m范围内的易燃物、浮尘、浮煤等用水清理干净,对无法清理的易燃物品(电缆、皮带等)用石棉等不燃品遮挡好;且前后两端 10 m 的井巷范围内,无可燃物,有灭火水源,具有专人喷水,上述工作地点应至少备有 2 个灭火器。

施工时,必须在施工地点下方用不燃材料覆盖火花,如果风速过大,可加长覆盖面积或设挡风装置。

氧气、乙炔瓶等焊工(器)具在入井时,必须专人监护押送,放置在安全地点,距离施焊地点 20 m 以外,两瓶之间间距不小于 5 m。

作业前和作业后,应有专人在工作地点检查,发现异常,立即处理。

10.4.4　其他火灾事故风险

(1)管理措施

① 设立通风科为防治煤层自燃的管理机构,配备专业管理人员,特殊工种持证上岗。

② 按规定建立防灭系统,设置井上、井下消防材料库,配齐防灭火设备。

③ 按规定建立监测系统,开展火灾预测预报工作。

④ 建立、健全防灭火管理制度及相关人员的岗位责任制和操作规程,制定防治自燃发火的专门措施。

(2)技术措施

① 加强供用电管理。

② 严格矿灯管理。

③ 严禁无计划停送电。

④ 加强井下电缆管理。

⑤ 正确使用好、保护好供电系统的三大保护。

⑥ 井下电气设备必须做到"三无、四有、两齐、三全、三坚持"。

⑦ 电工、配电工必须持证上岗,加强培训、教育,提高人员业务素质和操作技能,增强人员安全意识。

10.4.5　应急准备

(1)建立以矿长为总指挥的应急指挥机构,编制《矿井火灾事故专项应急处理预案》,火灾事故应急处置物资装备配备齐全,及时维护和更新。每年编制执行矿井火灾预防和处理计划,定期演练培训。

(2)信息报告符合应急预案报告流程。

(3)应急响应启动快速有效,应急指挥衔接高效。

(4)处置措施:①迅速抢救遇险人员,先救人后救物,先救命后疗伤;②迅速而有效地防止事故的扩大;③避免在处理中发生二次灾害事故。

10.5　本章小结

(1)选取东林煤矿 3409 一段采煤工作面采空区煤层自燃事故、3607 一段采煤工作面采空区煤层自燃事故、井下明火作业事故等 11 个典型风险作为本次火灾事故风险评估方法研究对象。

(2)经过专家综合研判,最终得出 3607 一段采煤工作面采空区煤层自燃事故的风险等级值为较大;其余 10 个煤矿火灾事故风险的风险等级值为一般。

　　(3)在风险防控方面,依据矿井监测预警和综合分析结果,根据火灾事故风险的情景-应对模式,制定煤层自燃事故风险、煤矿火区管理事故风险、煤矿井下明火作业事故风险和其他火灾事故风险的防控措施。根据实际情况及时补充修改应急预案,进行演练。

参考文献

[1] 郝贵,刘海滨,张光德.煤矿安全风险预控管理体系[M].北京:煤炭工业出版社,2012.

[2] 邬云龙,刘丹龙,王浩然,等.基于粗糙集 Skowron 差别矩阵的矿井火灾风险评价指标约简[J].中国安全生产科学技术,2016,12(5):60-65.

[3] 赵孟琳,李默然.基于事故树理论的煤矿火灾事故原因探讨[J].现代矿业,2010(6):75-77.

[4] 刘坤,陈先锋,李萍,等.模糊层次评价在煤矿采空区自燃发火中的应用[J].武汉理工大学学报,2010,32(5):120-123.

[5] 张兴凯.矿井火灾风险指数评价法[J].安全与环境学报,2006,6(4):89-92.

[6] 伍爱友,蔡康旭.矿井内因火灾危险性的模糊评价[J].煤炭科学技术,2004,32(7):58-62.

[7] 李小菊,朱杰,代君雨,等.某矿井巷道火灾风险定量研究[J].工业安全与环保,2016,42(1):76-79.

[8] 张兴凯.矿井火灾严重程度评价[J].中国安全科学学报,2005,15(4):25-28.

[9] 孙勇,李宏斐,闫斌移,等.矿井火灾安全评价新方法[J].煤矿安全,2009,40(4):123-126.

[10] 王文才,侯涛,杨驭东,等.基于 AHP 的潘津煤矿自燃火灾安全评价体系研究[J].矿业研究与开发,2012,32(5):98-101,117.

[11] 刘正宇,李爱兵,邹平,等.非煤矿山火灾事故应急救援适用性技术分析[J].采矿技术,2010,10(5):43-45,68.

[12] 刘伟,郭鹿林,刘立春,等.矿井火灾的危害及预防措施[J].煤矿安全,2008,39(7):48-50.

[13] 乔国厚.煤矿安全风险综合评价与预警管理模式研究[D].武汉:中国地质大学,2014.

[14] 郑万波,吴燕清,李先明,等.省级区域煤矿事故风险综合评估方法研究[J].工矿自动化,2016,42(9):23-26.

[15] 孟现飞,宋学峰,张炎治.煤矿风险预控连续统一体理论研究[J].中国安全科学学报,2011,21(8):90-94.

[16] 郑万波,吴燕清,李先明,等.重庆市煤矿安全生产风险管理关键技术及应用[J].中州煤炭,2016(12):16-21.

[17] 郑万波,吴燕清,夏云霓,等.煤矿放炮事故风险管理体系应用研究[J].能源与环保,2017,39(1):7-14.

[18] 郑万波,吴燕清,唐彦昌,等.煤矿顶板事故风险管理体系应用研究[J].能源与环保,2017,39(2):1-7.

[19] 郑万波,吴燕清,唐彦昌,等.煤矿瓦斯事故风险管理体系应用研究[J].能源与环保,2017,39(6):1-7,12.

[20] 郑万波,吴燕清,梁爱春,等.煤矿粉尘事故风险管理体系应用研究[J].能源与环保.2017,39(7):11-16.

[21] 郑万波,胡千庭,吴燕清,等.煤矿安全生产机电事故风险管理体系在东林矿的应用[J].能源与环保.2018,40(12):1-8.

[22] 康厚清,郑万波,胡千庭,等.煤矿安全生产水害事故风险管理体系在东林矿的应用[J].能源与环保,2018,40(4):6-12.

[23] 郑万波,吴燕清,李平,等.ICS 架构下的矿山应急指挥通信系统层次模型[J].山东科技大学学报(自然科学版),2015,34(2):86-94.

[24] 郑万波,吴燕清,刘丹,等.矿山应急指挥平台体系层次模型探讨[J].工矿自动化,2015,41(11):69-73.

[25] 郑万波,吴燕清.矿山应急救援指挥综合通信系统设计[J].工矿自动化,2016,42(3):84-86.

[26] 郑万波.矿山应急救援一体化指挥决策信息平台集成研究[J].工矿自动化,2017,43(12):70-75.

[27] 郑万波,吴燕清,李先明,等.基于应急管理机制的矿山应急救援指挥信息传递模型探讨[J].中国安全生

产科学技术,2014,10(S):293-299.

[28] 郑万波,吴燕清.矿山应急救援装备体系综合集成研讨厅的体系架构模型研究[J].中国安全生产科学技术,2016,12(S1):272-277.

[29] 郑万波.矿山应急救援指挥信息沟通及传递网络模型研究[J].现代矿业,2016,32(7):184-186,225.

[30] 郑万波.突发事件应急信息平台体系的技术架构共性分析与借鉴[J].现代矿业,2016,32(9):203-207,244.

11 煤矿安全生产坠落事故风险管理体系在东林煤矿的应用

国内开展各种煤矿坠落事故灾害致灾机理[1]和风险识别理论与方法[2-4]、坠落事故风险评价体系[5-6]、坠落事故预警体系[7-10]、各类灾害综合风险防控区域一体化体系建设和应用实践[11-15]研究，以及事故风险应急处置信息平台、信息传递和装备决策[16-21]研究。本章选取重庆南桐矿业有限责任公司东林煤矿作为应用单位，开展坠落事故风险识别采集、风险评估、风险防控的应用研究，为典型坠落事故风险管理提供一个应用示范案例。

11.1 矿井基本情况

矿井以竖井加斜井、暗斜井联合方式开拓，采用对角式通风，水平集中运输大巷以采区石门进入煤层并分采区开采。东林煤矿开采基本条件如表 11-1 所示。

表 11-1 东林煤矿开采基本条件

建井时间	1938 年 7 月		
设计生产能力	48 万 t/a	核定生产能力	38 万 t/a
瓦斯等级	煤与瓦斯突出矿井	水文地质类别	中等
开拓方式	立井＋斜井开拓	采煤方法	综合机械化
可采煤层及厚度	可采 K1、K2、K3 煤层，K1 煤层厚度 1.3 m，K2 煤层厚度 0.5 m，K3 煤层厚度 2.3 m		
煤层自燃发火倾向	Ⅱ类	矿井最大涌水量	1950 m³/h
运输方式	大巷集中运输	通风方式	两翼对角抽出式
生产水平	−100 m 水平、−200 m 水平、−350 m 水平		
采区	共 8 个		
采煤工作面	共 4 个，其中：综采 2 个，机采 0 个，炮采 2 个		
掘进工作面	共 7 个，其中：综掘 0 个，炮掘 7 个		

11.2 安全生产管理现状

安全生产质量标准化情况和隐患排查实施情况及效果见表 4-2 和表 4-3。东林煤矿安全生产风险管理包括风险识别与登记、风险评估、风险控制三大基本内容，通过开展监测与更新，实现对各类煤矿安全生产风险的科学化、常态化、动态化管理。风险管理工作运行总体流程如图 11-1 所示。

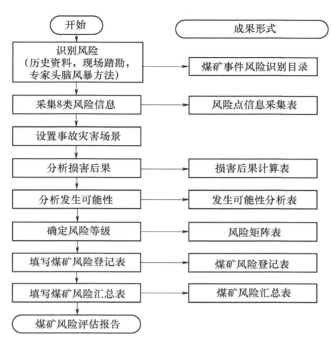

图 11-1 煤矿事故风险管理工作运行总体流程

11.3 煤矿坠落事故风险识别

11.3.1 煤矿坠落事故风险

（1）事故危害

坠落事故指人员、物品或设备从高空坠落,能造成设备损坏、设施损坏、人员受伤或死亡。

（2）致灾条件

人员高空作业,人员高空携带物品,提升设备主提升绳断绳,高空危岩掉落等。

（3）发生原因

提人副立井提升时,由于保护装置失效、绞车司机注意力不集中等造成过卷断绳,发生罐笼坠落事故。

（4）可能发生的地点

根据该矿井的地质构造、采掘部署、开采技术、管理水平等实际情况,可能发生的地点有:提人副立井、提矸副立井。

综合分析,高空作业运行最有可能发生坠落事故风险的地点是:提人副立井、提矸副立井。

11.3.2 风险识别结果

通过系统分析,选取东林煤矿提人副立井坠落事故作为本次坠落事故风险评估方法研究对象。

11.4 坠落事故风险评估

11.4.1 风险评估方法

采用矩阵分析法,通过量化分析风险引发煤矿风险事故的可能性和损害后果参数,确定可能性和损害后果值,通过表 11-2 确定风险的危害等级。

表 11-2 风险矩阵等级表

等级	一般	较大	重大	特大
煤矿事故风险值(G)	0～6.25	6.26～12.59	12.60～18.75	18.76～25.00

11.4.2 坠落事故风险评估

情景模拟:20××年××月××日××时××分,东林煤矿−100 m 水平～＋420 m 地面提人副立井提升时,由于保护装置失效、绞车司机注意力不集中造成过卷断绳事故。

(1)坠落事故风险采集表

东林煤矿"−100 m 水平～＋420 m 地面提人副立井坠落事故风险"的风险采集如表 11-3 所示。

表 11-3 东林煤矿"坠落事故风险"风险采集表

	风险名称	东林煤矿提人副立井坠落事故
基本情况	风险类别	煤矿立井提升坠落事故风险
	风险编码	2A08-01
	所在地理位置	−100 m 水平～＋420 m 地面
	所处功能区	工业区
	所在辖区(企事业单位或村社区)	属重庆能源集团南桐矿业公司管辖
定性描述		
	信息点	具体情况
特性	风险描述	提人副立井坠落事故
	风险自然属性	无
	风险社会特征	造成人员伤亡、经济损失
	发生原因(诱因)	提人副立井提升时,由于保护装置失效、绞车司机注意力不集中造成过卷断绳,罐笼坠落
	曾经发生情况	无
	应对情况	启动应急预案,组织施救,向相关部门报告

续表

定量描述			
类别	信息点	具体情况	信息来源
人	风险点及周边区域人员分布情况	提升罐内上下人员6人	重庆东林煤矿
	直接影响人数	6人	
	可能波及人数	1～2	
经济	煤矿核定生产能力	38万t/a	重庆东林煤矿档案资料
	企事业单位个数	1个	
	资产总额	26915万元	
基础设施	通信设施	电信、移动通信,矿内程控通信	重庆东林煤矿档案资料、现场统计
	交通设施	直达矿区公路及运输工具,井下提升运输	
	供水设施	矿井排水系统及井下供水施救系统	
	电力设施	直达矿区高压线路供电及矿井供电系统	
	煤层气设施	瓦斯抽采系统	
	城市基础设施	无	
	生活必需品供应场所	矿区职工食堂	
	医疗服务机构	矿医务室	
	其他设施	无	

(2)风险损害后果分析表

东林煤矿"−100 m水平～＋420 m地面提人副立井坠落事故风险"的风险采集如表11-4所示。

表 11-4　东林煤矿坠落事故损害后果分析表

煤矿事故场景设置	发生时间	20××年××月××日××时××分
	发生地点	提人副立井
	事件名称	立井提升断绳事故
	发生原因	保护装置失效、绞车司机注意力不集中
	持续时间	0.1 h
	影响范围	3405一段−89 m 4# 小石门掘进工作面
	事件经过	提人副立井提升时,由于保护装置失效、绞车司机注意力不集中造成过卷断绳
	造成的损失(危害)	7人伤亡,经济损失3100万元
	其他描述	

领域	缩写	损害参数	单位	预期损害规模	损害等级	损害规模判定依据
人 （M）	M_1	死亡人数	人数	1	2	罐内死亡人数
	M_2	受伤人数	人数	6	2	井筒信号工
	M_3	暂时安置人数	人数	<50	1	矿井员工
	M_4	长期安置人数	人数	—	—	无须长期安置人员
经济 （E）	E_1	直接经济损失	万元	600	2	损坏设备及设施
	E_2	间接经济损失	万元	2500	3	停产停工
	E_3	应对成本	万元	80	2	救援开支
	E_4	善后及恢复重建成本	万元	750	2	死亡人员赔付，设备更换
社会 （S）	S_1	生产中断	万 t/a（能力）； d（停产时间）	38；7	3	渝煤监管〔2013〕83 号文件
	S_2	政治影响	影响指标数； 时间	2 个；24～48 h	4	影响政府对社会管理， 影响公共秩序与安全
	S_3	社会心理影响	影响指标数； 程度	2 个；小	3	给周边居民带来心理影响
	S_4	社会关注度	时间；范围	6 d；市	3	市内媒体报道

Sum＝M＋E＋S

损害等级合计数：27

损害参数总数：11

损害后果＝损害等级合计数/损害参数总数　　　　损害后果：2.455

（3）可能性分析表

东林煤矿"－100 m 水平～＋420 m 地面提人副立井坠落事故风险"的可能性分析如表 11-5 所示。

表 11-5　东林煤矿"坠落事故风险"可能性分析表

指标	释义	分级	可能性	等级	等级值
历史发生概率（Q_1）	过去 10 a 发生此类风险事故的频率，得出等级值（2006—2015 年未发生坠落致死事故）	过去 10 a 发生 3 次以上	很可能	5	2
		过去 10 a 发生 3 次	较可能	4	
		过去 10 a 发生 2 次	可能	3	
		过去 10 a 发生 1 次	较不可能	2	
		过去 10 a 未发生	基本不可能	1	
风险承受能力（Q_2）	组织专家从评估对象自身的风险承受能力（稳定性）来判断发生此类煤矿事故的可能性	承受力很弱	很可能	5	3
		承受力弱	较可能	4	
		承受力一般	可能	3	
		承受力强	较不可能	2	
		承受力很强	基本不可能	1	

续表

指标	释义	分级	可能性	等级	等级值
应急管理能力(Q_3)	2013—2015 年安全生产质量标准化评估结果的2015 年"应急救援"取值	应急管理能力很差	很可能	5	1
		应急管理能力差	较可能	4	
		应急管理能力一般	可能	3	
		应急管理能力好	较不可能	2	
		应急管理能力很好	基本不可能	1	
专家综合评估(Q_4)	由风险管理单位牵头,不同类型的专家及相关人员参与,通过技术分析、集体会商、多方论证评估得出此类煤矿事故发生可能性		很可能	5	3
			较可能	4	
			可能	3	
			较不可能	2	
			基本不可能	1	

$Sum = Q_1 + Q_2 + Q_3 + Q_4$	等级值合计数:9
	指标总数:4
Q(发生可能性值)=等级值合计数/指标总数	发生可能性值:2.25

(4)风险矩阵图及计算风险值

东林煤矿"-100 m 水平~$+420$ m 地面提人副立井坠落事故风险"的风险值计算函数可表达为:G(风险值)$=I$(损害后果值)$\times P$(发生可能性值)。其风险值 $G = I \times P = 2.455 \times 2.25 = 5.524$。

11.4.3 风险等级确定

"-100 m 水平~$+420$ m 地面提人副立井坠落事故风险"的风险值为 5.524,查表 11-4 风险矩阵表得到其风险等级值为一般。

11.5 坠落事故风险防控措施

11.5.1 登高作业基本要求

(1)凡距基准面 2 m(含 2 m)以上高处作业的为登高作业。

(2)使用梯子前须仔细检查,保证其完整、坚固、不缺档、无损坏。

(3)严禁两人同时在一个梯子上工作,登高 2 m 以上须至少 2 人操作,一人登高,一人监护,严禁单岗作业。

(4)高处作业前,必须对有关防护设施及个人安全防护用品进行检查,不得在存有安全隐患的情况下强令或强行冒险作业。

(5)因施工需要,施工高度超过 2 m、施工周期较长时,必须搭设工作平台。

(6)从事高处作业的人员要定期体检。凡经医师诊断为高血压、贫血、心脏病、癫痫以及其他不适宜高处作业人员,严禁登高作业。

(7)登高作业超过 2 m 必须系好安全带、戴好安全帽及帽带,衣着要灵便,禁止穿硬底、带钉和易滑的鞋。

(8)登高作业时禁止超过梯子的最大承重量,攀登时,人要面向梯子,双手抓牢,身体重心保持在两梯柱中央。

(9)登高作业时下方的人员应注意自己站位,避开上方物体坠落处。

(10)安全带必须系挂在施工作业处上方的固定构件上,不得系挂在有尖锐棱角的部位。安全带应高挂低用,不得采用低于腰部水平的系挂方法。严禁用绳子捆在腰部代替安全带。

(11)使用梯子登高作业时,梯子不得缺档,不得垫高使用,如需接长使用,应有可靠的连接措施,且接头不得超过一处。梯子横档间距为 30 mm 为宜。使用时上端要固定牢靠,下端应有防滑措施。脚手架或作业平台上禁止使用梯子登高作业。

(12)单面梯工作时角度以 60°~70°度为宜;人字梯上部夹角以 30°~40°为宜。使用时第一档或第三档之间应设置拉撑。梯脚必须采取防滑措施。禁止两人同时在梯子上作业。在通道处使用梯子时,应有人监护或设置围栏。

(13)登高作业所用的工具和材料,应放在工具袋内或用绳索绑牢,不得任意乱置或向下丢弃,上下传递物件时,禁止抛掷。

11.5.2 工作平台的搭设要求

(1)工作平台搭设必须水平,严禁一头高一头低,保证牢固可靠,不得摇晃,并设防滑装置。

(2)人员上下作业平台时,必须从设置的扶梯上下,扶梯两边必须要有防止人员坠落的扶手,扶梯与作业平台之间连接牢固。

(3)大巷搭设工作平台,必须保证过车高度,并在工作平台两边设置警戒线。过车时,必须征得现场带班人员同意,将现场作业人员撤到安全地点、撤除警戒,方可过车。过车后,带班人员检查工作平台的安全情况,确认无安全隐患的情况下,重新设置警戒后,方可上工作平台作业。

(4)施工时,作业平台下方严禁行人。若确需行人,必须征得现场带班人员同意,消除隐患并撤除警戒后,方可通过。人员在作业平台上施工时必须佩戴保险带,以防坠落。

(5)作业平台施工时各种工具必须使用绳子系上,防止滑落伤人。作业平台上易滚件应固定牢固,防止滚落伤人。

(6)工作完毕应及时将工具、零星材料、零部件等一切易坠落物清理收拾好,防止落下伤人。现场使用的工具、零件、材料等严禁在工作平台上过班堆放。

11.5.3 露天登高要求

(1)严禁酒后登高作业。

(2)对于雨雪天气,在露天进行高处作业时,必须采取可靠的防滑、防寒和防冻措施。凡水、冰、霜、雪均应及时清除。

(3)雨雪天气过后,应对露天的高处作业安全设施逐一加以检查,发现有松动、变形、损坏等现象,应立即修理完善。

(4)六级强风以上(含六级)或其他恶劣气候条件下,严禁登高作业。抢险需要时,必须采取可靠的安全措施,分管领导要现场指挥,确保安全。

(5)在自然光线不足或夜间进行登高作业时,必须有充足的照明。

(6)气温在 38 ℃ 以上时应调整作息时间,避开高温或适当缩短露天作业时间。气温在 -10 ℃ 以下进行露天登高作业时,施工场所附近应有取暖的休息室。

11.5.4　防止坠入煤仓、溜煤眼要求

（1）煤仓或溜煤眼的各眼口,必须用栏杆围住,在皮带输送机的眼口应装设"禁止靠近"的字样。

（2）煤仓或溜煤眼各眼口,应有明显的带颜色的灯光信号装置,灯光信号应长明并有专人负责维护。在通往煤仓或溜煤眼的巷道,必须建立指示牌,指明煤仓或溜煤眼的危险区域。

（3）在煤仓或溜煤眼的眼口处,应设有单独的人行道。暂时不放煤的眼口必须用木盖盖好。

（4）地面煤仓人行爬梯,每周应安排专人检查爬梯完好情况,发现问题及时处理。

（5）禁止地面工作人员在六级强风以上(含六级)或其他恶劣气候条件下走人行爬梯。

（6）对于雨雪天气,应及时检查地面煤仓爬梯及运输机道,必须采取可靠的防滑、防寒和防冻措施。凡出现水、冰、霜、雪均应及时清除。

（7）地面煤仓工作人员应每天对地面煤仓护栏、看窗、溜煤眼进行检查,应有明显的带颜色的灯光信号装置。

11.5.5　应急准备

（1）以抢救遇险人员为主;坠落事故发生后,事故的发现者应立即向调度室汇报并组织救援。

（2）针对不同的坠落事故应采用不同的方法,以避免遇难者受到二次伤害。

（3）在救援的过程中要以确保自身安全为前提,防止事故扩大。

11.6　本章小结

（1）通过专家现场踏勘、查阅各种鉴定报告,了解东林煤矿 2013—2015 年质量标准化量化指标,2016 年隐患排查的重要危险源识别情况,结合地质报告,选取提人副立井坠落事故作为本次坠落事故风险评估方法研究对象。

（2）根据《重庆市煤矿安全生产风险评估实施细则》和《重庆市煤矿安全生产风险管理工作培训教材》的"风险损害后果计算表"和"风险可能性分析表",组织专家对以上事故风险进行量化打分,取上限值,最终东林煤矿"－100 m 水平～＋420 m 地面提人副立井坠落事故风险"的风险值为 5.524,其风险等级值为一般。

（3）在风险防控方面,以历史事故为依据,根据坠落事故风险的情景-应对模式,制定坠落事故风险的防控措施。

（4）建议东林煤矿加强对坠落事故风险的日常监测、监控,全面落实风险监测、监控措施。根据事故风险的实际变化情况,及时补充修改应急预案,进行演练。

参考文献

[1] 郝贵,刘海滨,张光德.煤矿安全风险预控管理体系[M].北京:煤炭工业出版社,2012.

[2] 张桂江,叶玉清,崔铁军,等.改进广义灰色关联故障树的矿车坠落故障模式分析[J].数学的实践与认识,2015,45(12):169-177.

[3] 曾建云.基于故障树-层次分析法的脚手架坠落风险分析[J].价值工程,2012,31(34):76-77.

[4] 郭同斌,王艳玉.锅炉钢煤斗坠落事故的原因分析及修复[J].低温建筑技术,2006(4):160-161.

[5] 施式亮,刘勇,李润求,等.基于 AHP-Fuzzy 的高处坠落危险性评价研究[J].中国安全生产科学技术,2011,7(2):132-137.

[6] 刘涛.石油钻井高处坠落事故原因与预防方法研究[D].北京:中国地质大学,2015.

[7] 周伟.基于 AHP 的高处坠落防控方案研究[J].电子测试,2015(6):83-87.

[8] 张泾杰,韩豫,马国鑫,等.基于 BIM 和 RFID 的建筑工人高处坠落事故智能预警系统研究[J].工程管理学报,2015,29(6):17-21.

[9] 郑丰隆.煤矿主井提升坠斗事故控制的研究[D].青岛:山东科技大学,2002.

[10] 徐影,杨高升,夏柠萍,等.基于 FTA-Reason 的施工作业高空坠落风险预控研究[J].中国安全生产科学技术,2015,11(7):171-177.

[11] 张洪杰.煤矿安全风险综合评价体系及应用研究[D].北京:中国矿业大学,2010.

[12] 郑万波,吴燕清,李先明,等.省级区域煤矿事故风险综合评估方法研究[J].工矿自动化,2016,42(9):23-26.

[13] 孟现飞,宋学峰,张炎治.煤矿风险预控连续统一体理论研究[J].中国安全科学学报,2011,21(8):90-94.

[14] 李光荣,杨锦绣,刘文玲,等.2 种煤矿安全管理体系比较与一体化建设途径探讨[J].中国安全科学学报,2014,24(4):117-122.

[15] 郑万波,吴燕清,李先明,等.重庆市煤矿安全生产风险管理关键技术及应用[J].中州煤炭,2016(12):16-21.

[16] 郑万波,吴燕清,李平,等.ICS 架构下的矿山应急指挥通信系统层次模型[J].山东科技大学学报(自然科学版),2015,34(2):86-94.

[17] 郑万波,吴燕清,刘丹,等.矿山应急指挥平台体系层次模型探讨[J].工矿自动化,2015,41(11):69-73.

[18] 郑万波,吴燕清.矿山应急救援指挥综合通信系统设计[J].工矿自动化,2016,42(3):84-86.

[19] 郑万波,吴燕清,李先明,等.基于应急管理机制的矿山应急救援指挥信息传递模型探讨[J].中国安全生产科学技术,2014,10(S):293-299.

[20] 郑万波.矿山应急救援指挥信息沟通及传递网络模型研究[J].现代矿业,2016,32(7):184-186,225.

[21] 郑万波,吴燕清.矿山应急救援装备体系综合集成研讨厅的体系架构模型研究[J].中国安全生产科学技术,2016,12(S1):272-277.

12 煤矿安全生产压力容器事故风险管理体系在东林煤矿的应用

国内开展各种煤矿压力容器事故灾害致灾机理和风险识别理论与方法[1,2]、压力容器风险检测[3,4]、事故风险评价模型和方法[5-8]、压力容器风险综合评价体系[9-11]、煤矿综合风险防控区域一体化体系建设和应用实践[12-18]研究，以及事故风险信息传递与决策[19]研究。本章针对煤矿 8 类事故灾害之一的压力容器事故风险管理问题，在重庆东林煤矿（煤与瓦斯突出矿井，国有煤矿）开展了风险识别采集、风险评估、风险防控的应用研究。

12.1 矿井安全生产基本情况

东林煤矿开采基本条件见表 11-1。安全生产质量标准化情况和隐患排查情况见表 4-2 和表 4-3。压力容器灾害情况如下：

（1）压力容器爆炸、炉膛爆炸事故：由于爆炸产生巨大的冲击力和冲击波，轻则造成设备损坏，重则造成人员伤亡。

（2）水、汽、灰渣烧伤烫伤事故：锅炉水、汽、灰渣系统出现漏水、漏汽、漏灰、漏渣时，喷溅到设备和人身上造成设备损坏和人员伤亡。

（3）锅炉满水、缺水及水击事故：锅炉满水时，可能造成水击事故，严重时冲扫汽轮机叶片。水击造成不良后果，管道承受的压力骤然升高，发生猛烈振动并发出巨大声响，常常造成管道、法兰、阀门等的损坏，严重时伤及人身安全。锅炉缺水时，轻则造成受热面过热损坏，重则发生锅炉爆炸。

（4）转动设备损坏事故：造成砸伤、烫伤、身体被卷入转动设备等人身事故和设备损坏情况的发生。

（5）瓦斯泄漏引起的爆炸、火灾，在密闭空间会使人缺氧、窒息，甚至死亡。

12.2 煤矿压力容器事故风险识别

煤矿压力容器事故风险主要包括员工患职业病、压力容器爆炸、人员伤亡。

（1）事故危害

压力容器爆炸事故，能造成设备损坏、人员受伤或死亡。

（2）致灾条件

安全阀装置失效，出气口堵塞，司机未按时巡检，压力无限上升。

（3）发生原因

① 压力容器保护装置未按规定试验。

② 安全阀装置未定期效验。

③ 司机未按时巡检，检查设备运行是否正常。

④ 设备出(汽或水)口堵塞。

(4)可能发生的地点

根据该矿井的地质构造、采掘部署、开采技术、管理水平等实际情况,可能发生的地点有:地面压风房、地面锅炉房。

通过系统分析,选取东林煤矿"地面竟成压风机房空气压缩机爆炸事故""地面蒸气锅炉爆炸事故风险"2个典型风险点作为本次压力容器事故风险评估方法研究对象。

12.3 压力容器事故风险评估

煤矿压力容器事故风险主要包括压力容器爆炸事故、煤矿机械运行事故风险、煤矿供电可靠性事故风险、煤矿机电设备失爆风险和其他压力容器事故风险。

12.3.1 风险评估方法

通过技术分析、实地勘察、集体会商等方式,多方论证确定突发事件发生的可能性、损害后果,采用矩阵分析法,通过量化分析风险引发煤矿风险事故的可能性和损害后果参数,确定可能性和损害后果值,并通过在矩阵上予以标明,确定风险的危害等级(表 12-1)。

表 12-1　风险矩阵等级表

等级	一般	较大	重大	特大
煤矿事故风险值(G)	0～6.25	6.26～12.59	12.60～18.75	18.76～25.00

12.3.2 压力容器事故风险评估过程

为进行压力容器事故风险评估,首先需要根据东林煤矿的实际情况,对每个风险点的压力容器事故风险情景进行模拟,如表 12-2 所示。

表 12-2　东林煤矿压力容器事故风险情景模拟

序号	风险编码	风险名称	情景模拟(场景设置)	备注
1	2A09-01	地面竟成压风机房空气压缩机爆炸事故风险	20××年××月××日××时××分,东林煤矿地面竟成压风机房空气压缩机使用时,由于安全阀装置失效、压风机司机未按时巡检停机,压力无限上升造成压风容器爆炸事故	
2	2A09-01	蒸气锅炉爆炸事故风险	20××年××月××日××时××分,东林煤矿地面锅炉房蒸气锅炉使用时,由于断水保护或安全阀装置失效、司炉工未按时巡检造成蒸气锅炉爆炸事故	

(1)压力容器事故风险采集表

以东林煤矿地面竟成压风机房空气压缩机爆炸事故的风险为例,采集信息如表 12-3 所示。

表 12-3　东林煤矿压力容器爆炸事故风险采集表

基本情况	风险名称	重庆东林煤矿压力容器爆炸事故
	风险类别	压力容器(空气压缩机)爆炸事故风险
	风险编码	2A09-01
	所在地理位置	地面竟成压风房
	所处功能区	工业区
	所在辖区(企事业单位或村社区)	属重庆能源集团南桐矿业公司管辖

定性描述		
	信息点	具体情况
特性	风险描述	空气压缩机爆炸事故
	风险自然属性	无
	风险社会特征	造成人员伤亡;经济损失
	发生原因(诱因)	空气压缩机使用时,由于安全阀装置失效、压风机司机未按时巡检停机,压力无限上升造成压风容器爆炸
	曾经发生情况	无
	应对情况	启动应急预案,组织施救,向相关部门报告

定量描述			
类别	信息点	具体情况	信息来源
人	风险点及周边区域人员分布情况	压风机司机 1 人	重庆东林煤矿
	直接影响人数	1 人	
	可能波及人数	1	
经济	煤矿核定生产能力	38 万 t/a	重庆东林煤矿档案资料
	企事业单位个数	1 个	
	资产总额/万元	26915	
基础设施	通信设施	电信、移动通信,矿内程控通讯	重庆东林煤矿档案资料、现场统计
	交通设施	直达矿区公路及运输工具,井下提升运输	
	供水设施	矿井排水系统及井下供水施救系统	
	电力设施	直达矿区高压线路供电及矿井供电系统	
	煤层气设施	瓦斯抽采系统	
	城市基础设施	无	
	生活必需品供应场所	矿区职工食堂	
	医疗服务机构	矿医务室	
	其他设施	无	

(2)风险损害后果计算表

东林煤矿地面竟成压风机房空气压缩机爆炸事故的损害后果如表 12-4 所示。

表 12-4　东林煤矿"压力容器爆炸事故"风险损害后果计算表

煤矿事故场景设置		发生时间	20××年××月××日××时××分			
		发生地点	地面竟成压风机房			
		事件名称	空气压缩机爆炸事故			
		发生原因	空气压缩机使用时,安全阀装置失效、压风机司机未按时巡检停机			
		持续时间	0.2 h			
		影响范围	竟成压风机房			
		事件经过	压力无限上升造成压风容器爆炸			
		造成的损失(危害)	2 人伤亡;经济损失 850 万元			
		其他描述	无			

领域	缩写	损害参数	单位	预期损害规模	损害等级	损害规模判定依据
人(M)	M_1	死亡人数	人数	1	2	罐内死亡人数
	M_2	受伤人数	人数	1	1	井筒信号工
	M_3	暂时安置人数	人数	—	—	
	M_4	长期安置人数	人数	—	—	无须长期安置人员
经济(E)	E_1	直接经济损失	万元	450	1	损坏设备及设施
	E_2	间接经济损失	万元	400	1	停产停工
	E_3	应对成本	万元	200	2	救援开支
	E_4	善后及恢复重建成本	万元	1000	2	死亡人员赔付
社会(S)	S_1	生产中断	万 t/a(能力);d(停产时间)	38;7	3	渝煤监管〔2013〕83 号文件
	S_2	政治影响	影响指标数;时间	2 个;24~48 h	4	影响政府对社会管理,影响公共秩序与安全
	S_3	社会心理影响	影响指标数;程度	2 个;小	3	给周边居民带来心理影响
	S_4	社会关注度	时间;范围	5 d;国内	3	国内媒体报道

Sum=M+E+S　　损害等级合计数:22　损害参数总数:10

损害后果=损害等级合计数/损害参数总数　　损害后果:2.2

(3)可能性分析表

东林煤矿地面竟成压风机房空气压缩机爆炸事故的可能性分析如表 12-5 所示。

表 12-5 东林煤矿"压力容器爆炸事故"风险可能性分析表

指标	释义	分级	可能性	等级	等级值
历史发生概率(Q_1)	过去10 a发生此类风险事故的频率,得出等级值	过去10 a发生3次以上	很可能	5	2
		过去10 a发生3次	较可能	4	
		过去10 a发生2次	可能	3	
		过去10 a发生1次	较不可能	2	
		过去10 a未发生	基本不可能	1	
风险承受能力(Q_2)	组织专家从评估对象自身的风险承受能力(稳定性)来判断发生此类煤矿事故的可能性	承受力很弱	很可能	5	3
		承受力弱	较可能	4	
		承受力一般	可能	3	
		承受力强	较不可能	2	
		承受力很强	基本不可能	1	
应急管理能力(Q_3)	2013—2015年安全生产质量标准化评估结果的"应急救援"取值	应急管理能力很差	很可能	5	2
		应急管理能力差	较可能	4	
		应急管理能力一般	可能	3	
		应急管理能力好	较不可能	2	
		应急管理能力很好	基本不可能	1	
专家综合评估(Q_4)	由风险管理单位牵头,不同类型的专家及相关人员参与,通过技术分析、集体会商、多方论证评估得出此类煤矿事故发生可能性		很可能	5	3
			较可能	4	
			可能	3	
			较不可能	2	
			基本不可能	1	

Sum＝$Q_1+Q_2+Q_3+Q_4$　　　　　　　　等级值合计数:10
　　　　　　　　　　　　　　　　　　　　　指标总数:4

Q(发生可能性值)＝等级值合计数/指标总数　　　　发生可能性值:2.5

(4)风险矩阵图及计算风险值

东林煤矿地面竟成压风机房空气压缩机爆炸事故的风险值计算函数可表达为:G(风险值)＝I(损害后果值)×P(发生可能性值)＝2.22×2.5＝5.55。

12.3.3 风险等级确定

东林煤矿地面竟成压风机房空气压缩机爆炸事故风险的风险值为5.5,查表12-1可得到其风险等级为一般。

采用相同的方法计算得到地面蒸气锅炉爆炸事故风险的风险值 $G＝I×P＝2.22×2.75＝6.105$,查表12-1风险矩阵表得到其风险等级为一般。

12.4 压力容器事故风险防控措施

12.4.1 管理措施

(1)现场应指定专人定期或不定期对输气管路、安全装置、空压机的储气罐等压力容器的安全性能进行检查,及时掌握情况,采取必要性的预防措施。

(2)加强对压力容器外管道的巡视,对管系振动、水击等现象分析原因,及时采取措施。当炉外管道有漏气、漏水现象,必须立即查明原因、采取措施,若不能与系统隔离时,应立即停机。

(3)全面检查管道的局部缺陷,发现超过质量标准的应进行处理。

(4)严防锅炉缺水运行,当锅炉水位低到超过规定的极限值时,要立即灭火停炉;定期校对水位和试验高低水位报警;运行中严防锅炉超压。

(5)不断加强司机人员的正规操作,提高其操作水平和分析、判断事故的能力。

(6)加强员工安全上岗培训,严格执行持证上岗。

(7)加强培训员工对机电设备保护的认识,定期培训各种特殊工种,实操设备操作、安全保护试验训练及应急处理。

(8)加强培训员工急救知识、自我保护知识。

(9)加强对压力容器保护试验及巡检,采取定期校对安全阀装置等措施。

(10)严格执行压力容器管理制度及规定,定期抽查、保护、试验及检查维护设备质量。

(11)建立健全压力容器运行、检修、维护、管理制度及巡回检查等制度,并贯彻落实。

12.4.2 技术措施

(1)防止管道爆破:①加强对压力容器外管道的巡视,对管系振动、水击等现象分析原因,及时采取措施。②当炉外管道有漏气、漏水现象,必须立即查明原因、采取措施,若不能与系统隔离进行处理,应立即停炉。③加强对压风管道、导汽管、汽联络管、水联络管、下降管以及弯管、弯头、联箱封头等的检查工作,发现缺陷(如表面裂纹、冲刷减薄或材质问题)应及时采取措施。④加强对汽水系统中的高中压疏水、排污、减温水等小口径管道的管座焊缝、内壁冲刷和外表腐蚀现象的检查,发现问题及时更换。⑤对过热蒸汽管道、弯管、弯头、阀门、三通等大口径部件及其相关焊缝进行定期检查。

(2)防止过热器爆管:

① 停炉检修时,对吹灰器吹扫区域周围、观察孔门附近磨损情况检查。发现有明显磨损、光亮等情况,应测量其管段壁厚。

② 检查过热器区域的烟气均流装置、防磨护瓦等,防磨装置开焊、变形处应修复,缺损、脱落的要更换。

(3)防止省煤器磨损爆管:

① 检修中全面检查省煤器管,重点检查弯头部位、吹灰器周围、人孔门附近等处省煤器管的磨损,必要时应对上述管子进行壁厚测量。

② 检查省煤器区域的防磨装置、管排的固定、夹持、吊架等,保持管排整齐。

③ 全面检查管道的局部缺陷,发现超过质量标准的应进行处理。

（4）防止水冷壁管泄漏：

① 燃烧调整应保证水冷壁不结焦，防止发生高温腐蚀，在保证完全燃烧的情况下尽量减小过量空气系数。

② 检修时重点检查喷燃器区域、吹灰器周围、底部水冷壁管的磨损情况，并对这些部位的弯头外弯处进行测量。

③ 严防锅炉缺水运行，当锅炉水位低到规定的极限值时，要立即灭火停炉；定期校对水位和试验高低水位报警；运行中严防锅炉超压。

④ 所有汽包水位表计损坏、无法监视汽包水位时，应立即手动停炉。锅炉严禁在安全阀解列的状况下运行。

⑤ 运行人员要对承压部件经常检查，发现水冷壁管泄漏时应及时汇报和处理，防止泄漏扩大损坏其他管段。

⑥ 水冷壁有结焦时，必须及时打掉，打焦时应防止大块焦渣脱落。

（5）防止锅炉缺水、满水事故：

① 正常运行中，汽包水位自动控制，当锅炉水位低至 -300 mm 时，应停炉处理；当锅炉水位高至 $+250$ mm 时，应立即停炉。

② 定期进行汽包水位高、低报警试验。

（6）防止瓦斯泄漏事故。

由于瓦斯无色、无味，所以其泄漏情况只能通过人工进行检查。

① 肥皂水检测：用喷壶将肥皂水喷到需要检测的部位或用刷子将肥皂水刷到需检测的部位，观察肥皂水是否起泡判断是否有泄漏，根据水泡发起及破裂的时间判断泄漏量的大小。

② 仪器检测：使用 AQG-1 型光干涉甲烷测定器进行检测。

（7）锅炉运行时遇到下列情况应立即停机：

① 锅炉缺水：水位在汽包水位计中消失时。

② 锅炉满水：水位超过汽包水位计上部不见水位时。

③ 炉管爆破：不能维持正常水位或危及设备及人身安全时。

④ 燃料在燃烧室后部烟道燃烧，使排烟温度不正常升高时。

⑤ 所有液位计损坏。

⑥ 流化床结焦严重，无法维持运行时。

⑦ 旋风分离器或旋风筒严重磨损，造成护板或横梁烧毁。

⑧ 汽水管道或汽水截止门破裂，造成大量泄漏，对人身及设备安全构成威胁时。

⑨ 锅炉超压，安全阀拒动，对空排气门又打不开时。

⑩ 引风机、鼓风机故障，不能维持运行时。

（8）设计、改造压力容器应遵守压力容器有关的安全规程条件要求。制造、修理、安装锅炉，严格执行工艺要求和质量检查制度。

12.4.3　应急准备

（1）坚持"以人为本"原则，切实把保护职工生命安全作为事故处置的首要任务，有效防止和控制事故危害蔓延扩大，千方百计把事故的危害和损失降到最低程度。

（2）事故单位现场人员应当迅速采取有效措施开展自救、互救工作。

（3）事故发生单位主要负责人要按照相关规定，迅速组织抢救。

（4）实施快速应急响应和快速抢险，相关部门、救援机构必须第一时间到达事故发生地，相应的救援抢险设备也必须迅速到位。

（5）妥善避难，如在有效时间内，无法安全撤离，遇险人员应在灾区内进行自救和互救，尽力维持和改善自身生存条件，等待人员救援。

12.5 本章小结

（1）本章选取东林煤矿"地面竟成压风机房空气压缩机爆炸事故""地面蒸气锅炉爆炸事故风险"2个典型风险作为本次压力容器事故风险评估方法研究对象。

（2）根据《重庆市煤矿安全生产风险评估实施细则》和《重庆市煤矿安全生产风险管理工作培训教材》的"风险损害后果计算表"和"风险可能性分析表"，组织专家对以上事故的风险进行量化打分，取上限值，最终得出东林煤矿地面竟成压风机房空气压缩机爆炸事故风险的风险值为5.55，地面蒸气锅炉爆炸事故风险的风险值为6.105，其风险等级均为一般。

（3）在风险防控方面，以历史事故为依据，根据压力容器事故风险的情景-应对模式，制定压力容器事故风险的防控措施。

（4）建议东林煤矿加强对压力容器事故风险的日常监测、监控，全面落实风险监测、监控措施，根据事故风险的实际变化情况，制定风险更新和预警制度，动态完善重大事故风险监测、监控措施。

参考文献

[1] 郝贵,刘海滨,张光德.煤矿安全风险预控管理体系[M].北京:煤炭工业出版社,2012.

[2] 康乐,姚安林,关惠平,等.急倾斜煤层采空区地表移动盆地对油气管道安全影响分析[J].中国安全生产科学技术,2013,9(9):102-106.

[3] 戴光,张宝琪,朱国辉.在役压力容器声发射源严重度的多级模糊综合评定方法研究[J].中国安全科学学报,1996,6(1):30-33.

[4] 沈功田.金属压力容器和常压储罐声发射检测及安全评价技术与应用[J].中国特种设备安全,2016,32(7):1-5.

[5] 缪春生,赵建平.压力容器风险模糊分析方法的研究(一)——固有危险性评价和风险水平评价[J].压力容器,2005,22(3):1-4,18.

[6] 缪春生,赵建平.压力容器风险模糊分析方法的研究(二)——风险控制状态评价和风险可接受准则讨论[J].压力容器,2005,22(4):1-4,49.

[7] 康乐.煤矿采空区管道安全评估方法研究[D].南充:西南石油大学,2014.

[8] 陈彰桥,龚凌诸,陈世旺,等.电站锅炉模糊风险评价方法研究与应用[J].机电工程,2015,32(1):89-95.

[9] 张锦伟,姚安林,康乐,等.固定式压力容器风险模糊层次综合评价研究[J].石油化工设备,2013(5):74-78.

[10] 姜峰,曹康,郑运虎.海洋平台压力容器风险模糊综合评价研究[J].甘肃科学学报,2016,28(2):83-87.

[11] 陈世旺,杨晓翔,龚凌诸.基于模糊综合评价的电站锅炉风险评估[J].能源与环境,2009(6):14-15.

[12] 张洪杰.煤矿安全风险综合评价体系及应用研究[D].北京:中国矿业大学,2010.

[13] 郑万波,吴燕清,李先明,等.省级区域煤矿事故风险综合评估方法研究[J].工矿自动化,2016,42(9):23-26.

[14] 孟现飞,宋学峰,张炎治.煤矿风险预控连续统一体理论研究[J].中国安全科学学报,2011,21(8):90-94.

［15］郑万波,吴燕清,李先明,等.重庆市煤矿安全生产风险管理关键技术及应用［J］.中州煤炭,2016(12)：16-21.

［16］郑万波,吴燕清,李平,等.ICS架构下的矿山应急指挥通信系统层次模型［J］.山东科技大学学报(自然科学版),2015,34(2):86-94.

［17］郑万波,吴燕清,刘丹,等.矿山应急指挥平台体系层次模型探讨［J］.工矿自动化,2015,41(11):69-73.

［18］郑万波,吴燕清.矿山应急救援指挥综合通信系统设计［J］.工矿自动化,2016,42(3):84-86.

［19］郑万波,吴燕清,李先明,等.基于应急管理机制的矿山应急救援指挥信息传递模型探讨［J］.中国安全生产科学技术,2014,10(S):293-299.

13 煤矿安全生产粉尘事故风险管理体系在红岩煤矿的应用

国内开展各种煤矿粉尘事故灾害致灾机理和风险识别理论与方法[1-3]、粉尘事故风险评价体系[4-7]、风险综合评价体系[8-10]、区域风险防控一体化体系建设和应用实践[11-16]研究。本章按照《中华人民共和国安全生产法》、《煤矿安全规程》、《煤矿安全风险预防控管理体系规范》(AQ/T 1093—2011)、《重庆市突发事件风险管理操作指南》等法律法规和标准的要求,结合《重庆市煤矿安全生产风险评估实施细则》,根据红岩煤矿粉尘事故风险评估的汇总结果,采用综合分析和历史对比方法,形成动态煤矿粉尘事故风险动态监测机制,提出风险的管理标准、技术措施、管理措施和应急准备,为粉尘事故风险管理提供一个应用示范案例。

13.1 安全生产回顾及现状

红岩煤矿基本情况见 6.1,安全生产质量标准化和隐患排查情况见 6.2.2。红岩煤矿粉尘灾害情况如下:

(1)矿井煤尘鉴定情况

煤尘:根据煤炭科学研究总院重庆研究院煤尘爆炸性检验报告表明:6#煤层(K1 煤层)火焰长度在 5~20 mm,扑灭火焰的岩粉量为 30%~55%,6#煤层有煤尘爆炸危险性。

(2)煤尘防治的手段

通常按矿井防尘措施的具体功能分为减尘措施、降尘措施、通风除尘和个体防护四大类。

减尘措施:湿式打眼,湿式凿岩,煤电钻湿式打眼;煤层注水,在开采前先下煤层打若干钻孔,经钻孔把压力水注入煤层,压力水又沿煤层层理、节理及裂隙渗入可将煤体预先湿润,以减少开采时浮尘的生成量。

降尘措施:降尘措施是矿井综合防尘工作的重要环节,现行的降尘措施主要包括喷雾洒水、装岩洒水、净化风流、冲洗岩帮等。

通风除尘:通风除尘是指通过风流的流动将井下作业点的悬浮矿尘带出,降低作业场所的矿尘浓度,因此搞好矿井通风工作能有效地稀释和及时地排出矿尘。决定通风除尘效果的主要因素是风速及矿尘密度、粒度、形状、湿润程度等,采用最佳风速是降低回采工作面的一项有效措施。

个体防护:个体防护是指通过佩戴各种防护面具以减少吸入人体粉尘的最后一道措施。因为井下各生产环节虽然采取了一系列防尘措施,但仍会有少量微细矿尘悬浮于空气中,甚至个别地点不能达到卫生标准。因此,在井下粉尘浓度较高的环境下作业的人员需配备个体防护的防尘用具。个体防护的用具主要有防尘口罩、防尘面罩、防尘帽、防尘呼吸器等,其目的是使佩戴者能呼吸净化后的清洁空气而不影响正常工作。

13.2　煤矿粉尘事故风险识别

煤矿粉尘事故风险主要包括员工患职业病、粉尘爆炸致人员伤亡。

通过系统分析,选取红岩煤矿"-200 m 水平 6411N 下段采煤工作面煤矿供电系统保护风险""-280 m 水平 7602 风巷掘进碛头煤矿机械运行事故风险""-280 m 水平 7602 风巷掘进碛头煤矿机电设备失爆风险"3 个典型风险点作为本次粉尘事故风险评估方法研究对象。

13.3　粉尘事故风险评估

煤矿粉尘事故风险主要包括煤矿供电系统保护风险、煤矿机械运行事故风险、煤矿供电可靠性事故风险、煤矿机电设备失爆风险和其他粉尘事故风险。

13.3.1　风险评估方法

通过技术分析、实地勘察、集体会商等方式,多方论证确定突发事件发生的可能性、损害后果,采用矩阵分析法,通过量化分析风险引发煤矿风险事故的可能性和损害后果参数,确定可能性和损害后果值,并通过在矩阵上予以标明,确定风险的危害等级(表 13-1)。

表 13-1　风险矩阵等级表

等级	一般	较大	重大	特大
煤矿事故风险值(G)	0~6.25	6.26~12.59	12.60~18.75	18.76~25.00

13.3.2　粉尘事故风险评估

情景模拟:20××年××月××日××时××分,红岩煤矿-200 m 水平 6411 N 下段采煤工作面,因-200 m 九采配电点检漏继电器失效漏电伤人,造成粉尘事故,死亡 1 人,停产 15 d,造成直接经济损失 120 万元、间接经济损失 2490 万元。

(1)粉尘事故风险采集表

红岩煤矿-200 m 水平 6411 N 下段采煤工作面煤矿供电系统保护风险采集如表 13-2 所示。

表 13-2　"煤矿供电系统保护风险"风险采集表

	风险名称	煤矿供电系统保护风险
基本情况	风险类别	煤矿供电系统保护风险
	风险编码	2A10-01
	所在地理位置	重庆万盛经济开发区
	所处功能区	采煤工作面
	所在辖区(企事业单位或村社区)	万盛经济开发区红岩镇

续表

	定性描述	
	信息点	具体情况
特性	风险描述	供电系统保护失效,发生人员触电事故
	风险自然属性	设备保护失效,未及时检修
	风险社会特征	造成人员伤亡,设备损坏,停产停工,工人心理恐慌
	发生原因(诱因)	各种保护装置未按规定检查试验,保护装置不灵敏、失效
	曾经发生情况	2011年6月25日16:26,电工因检查不仔细,误将喷浆机的火接在耙装机上,发现失误后又没有及时离开危险源,违章指挥他人送电,造成1人死亡事故
	应对情况	①全矿在停产整顿期间深入开展"四查三反"活动,进行安全整风,人人签订安全公约上墙,完善规章制度,完善措施办法,转变工作作风。②对全矿的电器设备进行全面检查,确保电气设备的各种保护装置灵敏、可靠。③重新修订停送电管理制度,全面推行现场确认制度,全面推行准军事化管理。④加强现场隐患排查整改力度,消除事故隐患。⑤加强对员工业务知识和安全技能培训

	定量描述		
类别	信息点	具体情况	信息来源
人	风险点及周边区域人员分布情况	操作人员	矿井井下作业人员
	直接影响人数	事故地点操作人员及周边人员	
	可能波及人数	6	
经济	煤矿核定生产能力	101万 t/a	现场资料查询核定
	企事业单位个数	1	
	资产总额/万元	55809.87	
基础设施	通信设施	KT379调度交换系统	现场资料查询核定
	交通设施	汽车	
	供水设施	万盛自来水供水网	
	电力设施	綦万电网	
	煤层气设施	瓦斯抽放泵	
	城市基础设施	齐全	
	生活必需品供应场所	齐全	
	医疗服务机构	红岩矿业公司总医院	
	其他设施	齐全	

(2)风险损害后果计算表

红岩煤矿－200 m水平6411 N下段采煤工作面煤矿供电系统保护风险的损害后果计算如表13-3所示。

表 13-3 "煤矿供电系统保护风险"风险损害后果计算表

煤矿事故场景设置(此场景为假定场景)	发生时间	20××年××月××日××时××分				
	发生地点	−200 m 九采配电点				
	事件名称	6411 N 下段采煤工作面机电设备漏电伤人事故				
	发生原因	检漏继电器失灵,检修时发生漏电				
	持续时间	1 h				
	影响范围	−200 m 九采配电点				
	事件经过	20××年××月×日××时××分,−200 m 水平 6411 N 下段采煤工作面,电工检修机电设备时,因检漏继电器失灵导致设备漏电,造成电工死亡				
	造成的损失	死亡 1 人,财产损失 2610 万元				
	其他描述	无				

领域	缩写	损害参数	单位	预期损害规模	损害等级	损害规模判定依据
人 (M)	M_1	死亡人数	人数	1	2	1 名职工
	M_2	受伤人数	人数	—	—	无
	M_3	暂时安置人数	人数	5	1	死亡人员家属
	M_4	长期安置人数	人数	—	—	无须长期安置
经济 (E)	E_1	直接经济损失	万元	120	1	人员伤亡,设备损坏,罚款
	E_2	间接经济损失	万元	2490	1	停产 15 d,0.4 万 t/d,人员工资及其他开销
	E_3	应对成本	万元	30	1	救援开支
	E_4	善后及恢复重建成本	万元	180	1	死亡人员赔付,设备维修、更换
社会 (S)	S_1	生产中断	万 t/a(能力);d(停产时间)	停产 15 d;101 万 t/a	1	渝煤监管〔2013〕83 号文
	S_2	政治影响	影响指标数;时间	1 个指标;24 h	2	影响政府正常运作时间
	S_3	社会心理影响	影响指标数;程度	1 个指标;小	2	一个指标,影响程度小
	S_4	社会关注度	时间范围	省内影响 7 d	2	省内 1~7 d

Sum=M+E+S	损害等级合计数:14
	损害参数总数:10
D(损害后果)=损害等级合计数/损害参数总数	损害后果:1.4

(3)可能性分析表

红岩煤矿−200 m 水平 6411 N 下段采煤工作面煤矿供电系统保护风险的可能性分析如表 13-4 所示。

表 13-4 "煤矿供电系统保护风险"风险可能性分析表

指标	释义	分级	可能性	等级	等级值
历史发生概率(Q_1)	过去 10 a 发生此类风险事故的频率,得出等级值	过去 10 a 发生 3 次以上	很可能	5	5
		过去 10 a 发生 3 次	较可能	4	
		过去 10 a 发生 2 次	可能	3	
		过去 10 a 发生 1 次	较不可能	2	
		过去 10 a 未发生	基本不可能	1	
风险承受能力(Q_2)	组织专家从评估对象自身的风险承受能力(稳定性)来判断发生此类煤矿事故的可能性	承受力很弱	很可能	5	4
		承受力弱	较可能	4	
		承受力一般	可能	3	
		承受力强	较不可能	2	
		承受力很强	基本不可能	1	
应急管理能力(Q_3)	2013—2015 年安全生产质量标准化评估结果的"应急救援"取值	应急管理能力很差(60 分以下)	很可能	5	2
		应急管理能力差(60~69 分)	较可能	4	
		应急管理能力一般(70~79 分)	可能	3	
		应急管理能力好(80~89 分)	较不可能	2	
		应急管理能力很好(90~100 分)	基本不可能	1	
专家综合评估(Q_4)	由风险管理单位牵头,不同类型的专家及相关人员参与,通过技术分析、集体会商、多方论证评估得出此类煤矿事故发生可能性		很可能	5	4
			较可能	4	
			可能	3	
			较不可能	2	
			基本不可能	1	

Sum$=Q_1+Q_2+Q_3+Q_4$　　　　　　　　　等级值合计数:15

指标总数:4

发生可能性值=等级值合计数/指标总数　　　发生可能性值:3.75

(4)风险矩阵图及计算风险值

红岩矿"-200 m 水平 6411 N 下段采煤工作面煤矿供电系统保护风险"的风险值计算函数可表达为:G(风险值)$=P$(发生可能性值)$\times I$(损害后果),其风险值 $G=P\times I=2\times3.75=7.5$,风险等级为较大。采用相同的计算方法,得出其他煤矿粉尘事故风险评估的风险值:

① -280m 水平 7602 风巷掘进碛头煤矿机械运行事故风险的风险值 $G=P\times I=1.7\times3.75=6.375$,查表 13-1 风险矩阵表得到其风险等级为较大。

② -280 m 水平 7602 风巷掘进碛头煤矿机电设备失爆风险的风险值 $G=P\times I=1.0\times3.75=3.75$,查表 13-1 风险矩阵表得到其风险等级为一般。

13.4 粉尘事故风险防控措施

(1)管理措施

① 编制《综合防尘及预防和隔绝煤尘爆炸管理制度》,严格按制度执行。

② 成立综合防尘领导工作小组,明确各级人员的职责。

③ 定期开展综合防尘的专项检查。

(2)技术措施

① 采煤工作面防尘措施

采煤工作面在爆破落煤时,生成的煤尘很大,除采用预湿煤体的防尘措施外,还必须在落煤作业时采取多种防尘措施,这些措施是:

a. 用水电钻进行湿式打眼。使用中空麻花钻杆及湿式煤钻头,供水压力一般为 0.2~1.0 MPa,供水量 5~7 L/min,使排出的煤粉成糊状。采煤工作面应具备水电钻的供水系统。

b. 放炮使用水炮泥。每个炮眼可装入 1~2 个水炮泥,可分别放在炸药的两端或采用外封式集中置于孔口一端,然后用炮泥封满。

c. 放炮喷雾。放炮前用水冲洗煤帮,放炮后出煤前再冲洗一次,并洒湿落煤的表面。放炮时应打开工作面内及上出口设置的水幕喷雾降尘。

d. 人工攉煤的防尘。在出煤过程中边出煤边洒水,减少煤尘的飞扬。在支柱的移设中,外注式单体液压支柱撤柱时排出的废乳化液也可湿润浮煤。

e. 采煤面所有刮板运输机的转载点均可设置喷雾装置,减少由转载产生的大量飞尘。

f. 采用湿式风镐落煤。在普通风镐机体上增加供水系统,用自动控制阀门使风镐在工作时才有水喷出,喷嘴指向钎头,及时捕集破煤时产生的煤尘,降尘率可达 70 %以上。

g. 在急倾斜煤层可采用长炮眼水封爆破进行落煤,炮眼沿倾斜巷道全长布置,装药后向孔内注满水,然后封孔爆破,可有效降低煤尘、瓦斯量,放一次炮崩落一个循环进度的煤体,煤炭可自溜运出。

② 锚喷作业的防尘措施

锚喷支护作业地点粉尘浓度很高,主要防尘措施有:

a. 配制潮料向喷射机上料。沙石预先用水浇透,按比例和水泥拌成潮料后送入喷射机,可大幅度降低拌料、注料和喷射时的产尘量而又不易在输料管内粘壁。

b. 双水环加水。两水环间距 15~20 cm 共用一个水阀,其出水射流方向相反,使物料和水换向反复搅匀,减少干粉喷出。还可在喷枪水环后面 6~8 m 处增加一个预湿水环,进一步提高湿润均匀程度。

c. 加接异径葫芦管。在输料管的中间部位加接长 0.8 m 左右的异径葫芦状铁管,并使两个加水水环置于它的两端,物料和水通过葫芦管产生涡流加强搅拌,进一步减少干粉。

d. 低压近喷。在使用潮料条件下,输料距离为 30~40 m,采用低风压近距离喷射可降低粉尘和回弹。风压不超过 0.2 MPa,喷枪嘴距巷帮 300~450 mm、距巷顶 450~600 mm 为好。

e. 使用锚喷除尘器。将喷射机上料口、排气口等处严重外泄的粉尘吸入除尘器,由除尘器内的喷雾和滤网将粉尘捕集,净化后的空气再返回巷道内。也可将除尘器的吸尘罩置于喷枪附近,吸去喷射时的含尘空气予以净化。

f. 选用新型湿喷机,将事先搅拌好的混凝土用湿喷机通过输料管和喷枪进行喷射,从根本上解决干式喷射机的粉尘危害。

g. 水幕净化和通风除尘。在喷射作业地点的回风中设置喷雾水幕,以过滤含尘空气。为保证喷射地点的风量,风筒口离作业点最好在 10 m 左右,有效及时地带走粉尘。喷射前冲洗帮顶洗去落尘。

③ 出碴防尘和通风除尘措施

装碴时洒水喷雾是常用的防尘方法,其方式有以下几种:

a. 人工洒水。对崩落的煤岩进行分层洒水边装边洒,以洒透匀湿为准,可使装碴的粉尘浓度降至 2 mg/m³ 以下。

b. 在运输机上安装喷雾器洒水,水雾射向转载点。

c. 为使工作面和巷道内粉尘浓度稳定保持在允许浓度范围内,还必须采取有效的通风除尘方法。如:

(a)净化风流。即降低进入掘进工作面的新鲜风流中的粉尘浓度,使之不超过 0.2 mg/m³。一般可在压入式通风的风筒中安装 1～2 个水喷雾器,对着风流进入方向喷雾,净化进风流的粉尘。

(b)加强通风,保证在巷道回风中有必需的风速以排除粉尘。煤巷、半煤岩巷掘进工作面最低风速不得小于 0.25 m/s,岩巷不得小于 0.15 m/s,但最大风速均不得超过 4 m/s,防止粉尘吹扬。

(c)采用压入和抽出混合通风方式进行局部通风。它既可有效冲淡工作面的瓦斯和粉尘,又可消除巷道全长范围内的粉尘和炮烟。但抽出式风机必须保证不会引燃抽出风流中的瓦斯和煤尘,如选用水射流风机或湿式除尘风机等。

(d)配备除尘风机将工作面含尘空气抽出,经除尘风机内的喷雾和过滤网捕集洗涤,净化后的空气排至巷道内。它和压入式通风合理匹配使用,能够有效改善掘进工作面的粉尘状况。

④ 掘进放炮的防尘措施

掘进放炮后的粉尘浓度会超过 1000 mg/m³,而且几小时后仍然有数十毫克之多,整个巷道都充满浓烟粉尘,因此必须采取多种措施才能得到理想防尘效果。

a. 使用水炮泥。用装满水的柱形塑料袋当炮泥,放炮时借助爆破冲击力使水散成雾状起到降尘作用,并可消除爆破火焰,提高爆破安全性。水炮泥用不燃性塑料制成,水袋有自动封口性能,袋中注满水后不会流出。袋内水压应高于外界空气压力。水炮泥填入炮眼以后,外部应用粘土炮泥封住,这是一项防尘和预防放炮引起瓦斯、煤尘爆炸的极重要的措施。

b. 放炮喷雾。以压缩空气作动力,使具有一定压力的水通过各种形状的喷射器喷吹成水雾射向工作面爆破空间内降尘。喷射器有鸭嘴形或圆锥形的,使用的风压为 0.5～0.6 MPa,水压为 0.3 MPa,鸭嘴形喷射器有效射程 5～6 m,其他喷射器可达 10 m。放炮前,将喷射器悬挂在巷道两帮,距工作面迎头 8～10 m,高 2 m 左右,喷嘴对着迎头并接通风水管。放炮时,在远处打开风水阀门形成强有力的水雾射流,封住工作面的炮烟粉尘。

c. 水幕净化。用若干喷嘴在离工作面约 30 m 左右处设置一个水幕,以过滤从工作面排出的炮烟和粉尘。喷嘴口偏向工作面,随工作面前移 10 m 而向前挪动一次,水幕降尘率可达50 %。

d. 放炮前后冲洗岩帮或煤帮,这样可减少放炮引起的粉尘飞扬。煤巷掘进时,放炮前后在工作面 20 m 范围内必须洒水消尘。

⑤ 掘进工作面打眼防尘

掘进工作面打眼的防尘方式有三种:

a. 风钻湿式凿岩。将压力水经过风钻和钻杆中心孔送到炮眼底部,把岩粉从炮眼中湿润并冲洗出来达到防尘目的。湿式凿岩可使粉尘从 1000 mg/m³ 以上降低到 10 mg/m³ 左右。按供水方式分,有侧式供水和中心供水两种。中心供水时在风钻的中心装有水针,水针前端插入钎尾的中心孔,后端通过弯头与供水管相连。凿岩时,水通过水针和钎尾中心孔进入炮眼。水压应低于风压 0.1~0.15 MPa,防止机膛进水。侧式供水时从风钻机头的侧面直接向钎尾供水,凿岩时打开水阀,压力水从供水管进入供水套,经过橡胶密封圈的水孔和钎尾侧孔流入钎杆中心水孔直达炮眼内。侧式供水的优点是减少漏风,压风不致进入炮眼,提高了风钻活塞冲击力和湿润粉尘的能力。

b. 干式凿岩捕尘。一般在缺水的矿井使用,可分为两种:一种是干式孔底捕尘。经过钎杆中心孔、风钻机头和连在机头上的输尘软管,将炮眼内的粉尘抽到干式捕尘器中去,含尘空气的流向恰好同侧式湿式凿岩时水流的方向相反,炮眼口的空气向孔内流动,避免了孔内粉尘飞扬到工作面来。含尘空气经干式捕尘器中的滤袋过滤净化后,重新排到工作面中。另一种是孔口干式捕尘。通过炮眼口的捕尘塞和连在捕尘塞上的抽尘管,把炮眼内的粉尘抽到一个滤尘袋中去,过滤后的干净空气回到巷道内。

c. 湿式电钻捕尘同侧式湿式凿岩一样,用水冲洗孔内粉尘,达到降尘目的。

⑥ 其他地点

主要是机电运输巷、各甩车场以及入风石门。它们的除尘、洗尘工作按各自工作范围由井口机电队负责。

井巷中沉积煤尘重新飞扬起来,很容易使巷道空间的浮游煤尘浓度达到爆炸界限而发生或扩展爆炸,常常造成区域性或全矿性特大恶性事故。因此,经常处理井巷沉积煤尘是预防矿井重大灾害的极为重要的工作。常用以下几种处理措施:

a. 清扫法。把沉积在巷道帮顶、支架和设备表面上的煤尘清扫干净,将扫落的煤尘集中起来运出。

b. 冲洗法。用水把巷道帮顶和支架上的沉积煤尘冲洗到底板上,并使之保持潮湿,然后再将底板上的煤尘清除出去。这种方法能够将沉积煤尘清除得比较干净,而且简单易行,因此在煤矿中长期得到普遍应用。冲洗工作每隔一定时间进行一次,间隔时间的长短根据煤尘沉积的快慢来决定。在采掘工作面附近的回采或准备巷道以及煤尘集中飞扬地点的下风侧,要经常反复冲洗,才能保持无煤尘堆积的良好工作环境。

c. 撒布岩粉法。定期在井巷周壁和支架上撒布岩粉,增加沉积煤尘中的不燃性物质,以防止煤尘参与爆炸。这是一种行之有效的防止煤尘爆炸的措施,在世界各国得到广泛应用。

d. 黏结法。把含有表面活性物质的湿润剂和吸水盐类的水溶液喷洒在井巷周壁和支架的表面上,黏住沉积的煤尘和后来陆续沉积的煤尘,使之不会重新飞扬成为浮游煤尘。水溶液中的吸水盐类能吸收空气中的水分使喷洒后的帮顶保持潮湿不断黏附煤尘,而湿润剂能使煤尘更容易黏附牢固。

(3)应急准备

① 每年编制执行矿井灾害预防和处理计划。

② 每年度进行矿井全员防灾培训并考试。

③ 作业人员必须熟悉作业地点环境及避灾路线。

开展粉尘事故风险应急救援预案检查,如表 13-5 所示。

表 13-5 粉尘事故风险应急救援预案检查表

检查内容	检查依据	结果
1. 应急预案的编制应当符合下列基本要求：(1)有关法律、法规、规章和标准的规定；(2)本地区、本部门、本单位的安全生产实际情况；(3)本地区、本部门、本单位的危险性分析情况；(4)应急组织和人员的职责分工明确，并有具体的落实措施；(5)有明确、具体的应急程序和处置措施，并与其应急能力相适应；(6)有明确的应急保障措施，满足本地区、本部门、本单位的应急工作需要；(7)应急预案基本要素齐全、完整，应急预案附件提供的信息准确；(8)应急预案内容与相关应急预案相互衔接	《生产安全事故应急预案管理办法》第八条	合格
2. 生产经营单位应当根据有关法律、法规、规章和相关标准，结合本单位组织管理体系、生产规模和可能发生的事故特点，与相关预案保持衔接，确立本单位的应急预案体系，编制相应的应急预案，并体现自救互救和先期处置等特点	《生产安全事故应急预案管理办法》第十二条	合格
3. 生产经营单位风险种类多、可能发生多种类型事故的，应当组织编制综合应急预案。综合应急预案应当规定应急组织机构及其职责、应急预案体系、事故风险描述、预警及信息报告、应急响应、保障措施、应急预案管理等内容	《生产安全事故应急预案管理办法》第十三条	合格
4. 对于危险性较大的场所、装置或者设施，生产经营单位应当编制现场处置方案。现场处置方案应当规定应急工作职责、应急处置措施和注意事项等内容	《生产安全事故应急预案管理办法》第十五条	合格
5. 生产经营单位应急预案应当包括向上级应急管理机构报告的内容、应急组织机构和人员的联系方式、应急物资储备清单等附件信息。附件信息发生变化时，应当及时更新，确保准确有效	《生产安全事故应急预案管理办法》第十六条	合格

13.5 应急准备

(1)必须编写好煤矿粉尘事故的专项应急救援预案。

(2)应急救援必须建立好应急组织体系，落实组织机构和成员职责；日常加强预防预警工作，一旦发生事故按照应急预案进行应急响应与信息发布，并做好后期处置工作。加强通信与信息保障、应急队伍保障、技术保障、应急物资保障、经费保障，积极组织职工进行应急救援培训和演练。

(3)专项应急预案必须按照危险性程度进行分析，明确专项应急预案中组织机构职责及要点，并编写采区的预防措施，加强事故危险源监控，明确事故预警的条件、方式、方法，建立好信息发布及报告程序，编制好处置措施应对地面和井下指挥及处理。按照《煤矿安全规程》规定配备好救援装备和物资。

13.6 本章小结

(1)通过专家现场踏勘、查阅各种鉴定报告，了解 2013—2015 年质量标准化量化指标，2016 年隐患排查的重要危险源识别情况，结合地质报告，选取红岩煤矿"−200 m 水平 6411 N 下段采煤工作面煤矿供电系统保护风险""−280 m 水平 7602 风巷掘进碛头煤矿机械运行事故风险""−280 m 水平 7602 风巷掘进碛头煤矿机电设备失爆风险"3 个典型风险作为本次粉尘事故风险评估方法研究对象。

　　(2)根据《重庆市煤矿安全生产风险评估实施细则》和《重庆市煤矿安全生产风险管理工作培训教材》的"风险损害后果计算表"和"风险可能性分析表",组织专家对以上事故风险进行量化打分,取上限值,最终得出"－200 m 水平 6411 N 下段采煤工作面煤矿供电系统保护风险"的风险值为 7.5,其风险等级为较大;"－280 m 水平 7602 风巷掘进碛头煤矿机械运行事故风险"的风险值为 6.375,其风险等级为较大;"－280 m 水平 7602 风巷掘进碛头煤矿机电设备失爆风险"的风险值为 3.75,其风险等级为一般。

　　(3)在风险防控方面,以历史事故为依据,根据粉尘事故风险的情景-应对模式,制定煤矿供电系统保护风险、煤矿机械运行事故风险、煤矿供电可靠性事故风险、煤矿机电设备失爆风险和其他粉尘事故风险的防控措施。

　　(4)建议红岩煤矿加强对粉尘事故风险的日常监测、监控,全面落实风险监测、监控措施,根据事故风险的实际变化情况,制定风险更新和预警制度,动态完善重大事故风险监测、监控措施,及时补充完善重大事故风险防范措施;根据实际情况及时补充修改应急预案,进行演练。

参考文献

[1] 杨宏魁.采煤工作面粉尘事故风险分析[J].硅谷,2014(13):193-194.

[2] 徐礼节.论煤矿粉尘事故发生的原因及预防办法[J].科技与企业,2013(6):76.

[3] 李博杨,李贤功,孟英辰,等.基于灰色关联和集对分析的煤矿粉尘事故风险分析[J].煤矿开采,2016,21(4):138-141.

[6] 刘洪军,刘道玉.矿井机电装备闭环管理模式研究[J].煤矿机械,2010,31(7):235-238.

[7] 孙广军.风险预控管理体系在煤矿机电安全管理中的应用[J].科技创新,2014(5):9-10.

[8] 任宇航.煤矿电气设备安全风险预控研究[J].煤矿机电,2014(4):49-52.

[9] 刘道玉,赵德山.煤矿机电装备保护及能力评定体系的构建及实践[J].中国煤炭,2014(4):75-83.

[10] 张洪杰.煤矿安全风险综合评价体系及应用研究[D].北京:中国矿业大学,2010.

[11] 乔国厚.煤矿安全风险综合评价与预警管理模式研究[D].武汉:中国地质大学,2014.

[12] 郑万波,吴燕清,李先明,等.省级区域煤矿事故风险综合评估方法研究[J].工矿自动化,2016,42(9):23-26.

[13] 孟现飞,宋学峰,张炎治.煤矿风险预控连续统一体理论研究[J].中国安全科学学报,2011,21(8):90-94.

[14] 梁子荣,辛广龙,井健.煤矿隐患排查治理、煤矿安全质量标准化与煤矿安全风险预控管理体系三项工作关系探讨[J].煤矿安全,2015,41(7):116-117.

[15] 李光荣,杨锦绣,刘文玲,等.2 种煤矿安全管理体系比较与一体化建设途径探讨[J].中国安全科学学报,2014,24(4):117-122.

[16] 郑万波,吴燕清,李先明,等.重庆市煤矿安全生产风险管理关键技术及应用[J].中州煤炭,2016(12):16-21.

14　煤矿安全生产事故数字预案体系与评估

14.1　煤矿安全生产事故数字预案联动与评估概述

《国家中长期科学和技术发展规划纲要(2006—2020)》将公共安全列为重点领域与优先主题。《中华人民共和国突发事件应对法》明确要求,全国要建立健全突发事件的应急管理体系,提高突发事件的处置效率。国家"十三五"科技规划启动一些重大项目,其中有一个重点专项是"公共安全的风险防控与应急装备"确定了7个方面的研究内容,涉及公共安全、生产安全、重大基础设施、城镇、应急装备和前沿基础科学。

14.1.1　应急预案评估的现实需求

(1)为适应我国应急管理中的预案管理的要求,国家安监总局在《生产经营单位生产安全事故应急预案编制导则》(GB/T 29639—2013)、《生产安全事故应急预案管理办法》(安监总局17号令)、《生产经营单位生产安全事故应急预案评审指南(试行)》等系列法规标准的基础上,制定了《生产经营单位生产安全事故应急预案评估指南》(AQ/T 9011—2019)行业标准;同时,为适应新的应急管理和矿山救护的要求,制定了《矿山救护规程》(征求意见稿)。以这些国家标准和行业标准为依据,制定了省级区域煤矿应急预案管理和评估的相关规定,首先选择典型煤矿示范,再逐步在省级区域推广,最终能够在国内煤炭行业起到典型示范作用,推动我国煤矿应急预案管理水平。

(2)技术手段创新需求。煤矿安全生产应急预案的评审采用的是《生产安全事故应急预案管理办法》(安监总局17号令)的方法,通过评审表(包括形式评审表、综合预案要素评审表、专项预案要素评审表、现场处置要素评审表、附件要素评审表),进行预案的编制、评审和改进,目前基本形成了规范性的文件范本。在开展煤矿企业预案评审和调研中发现以下问题:①形式审查和要素审查。应急预案形式、综合(专项)预案要素、现场处置要素和附件要素均是引用原有模板,没有做出实质的改进和更新。②应急预案的系统性、针对性、实用性不够强,难以在应急演练和救援实战中应用。应急预案编制或更新没有以煤矿事故风险(危险源)识别和评估、应急资源调查为基础,没有及时更新并建立动态风险管控体系、应急信息平台和标准化应急资源库的预案支撑体系[1]。③应急预案的衔接性问题。不注重前期预防、中期应急响应、应急处置和后期恢复工作(时间维)联动机制,纵向到底、横向到边的预案体系,企业总体预案和专项预案的良好衔接,并加强预案演练。④缺乏标准统一的规范化格式文本。如伤亡事故情况(发生事故单位)、伤亡事故伤亡人员情况(发生事故单位)表,企业伤亡事故快报表,重大非伤亡事故快报表,瓦斯、顶板、水害、火灾等事故快报表,瓦斯、顶板、水害、火灾等事故灾害专项处置方案等,这类标准文本参差不齐。⑤缺乏预案维护、评估与动态管理。随着法律、法规、规章和标准变化,应对预案进行及时更新。目前的煤矿预案管理和评估难以满足标准《生产经营单位生产安全事故应急预案评估指南》(AQ/T 9011—2019)和《矿山救护规程》

的要求,应急预案应该抓好评估工作,并在演练中不断改进、更新和完善。

(3)国内煤炭行业及应用领域需求。在国内,依据国家安监总局公开的《关于 2016 年全国矿山救护大队质量标准化考核情况通报》,2016 年特级质量标准化矿山救护大队 96 支,一级 83 支,二级 76 支,三级 78 支,共计 333 支,均没有配备应急预案数字化管理和辅助决策系统,后期相关进展也不大,因此此类系统国内市场需求较大。

14.1.2 预案管理和评估存在的问题

(1)应急预案的功能定位有误差。①在思想认识上,重处置轻预防,应急管理四大流程(预防与应急准备、监测与预警、应急处置与救援、事故恢复与重建)和传统应急管理四阶段理论(减灾、准备、响应、恢复),都把预案作为应急准备的重要内容,我国现在重处置,缺乏应急准备的思想,新修订的《安全生产法》中的救援预案,要坚决把应急管理的重点由应急处置转向应急准备。②在实践上,我国应急管理起步晚,以"一案"促"三制",预案是龙头,预案包括了应急管理各环节的内容,但《生产经营单位生产安全事故应急预案编制导则》(GB/T 29639—2013)内容都太多太繁杂,编制的文本预案内容参差不齐,可操作性差,需要简化[2]。

(2)应急预案体系建设缺乏系统性、多方位、多层次的管理维衔接性,缺乏时间维、空间维连续性。具体体现在:①目前我国由于应急管理体制相对条块化,以至于应急预案体系横向上未能与其他突发事件和各行业的应急预案体系形成有机整体,难以达到"横向到边";纵向上各层级应急预案之间界定不清晰,出现衔接不到位、上下一般粗等问题,难以达到"纵向到底",无标准的应急处置联动流程构造方法。②目前我国煤矿应急预案管理在编制—实施—评估—改进等环节脱节,无权威衔接标准和模式,无统一的预案体系管理信息平台,预案仅仅限于一项安全生产工作,与其他日常生产工作一样在不同部门之间交接。③预案编制、评审、备案、培训、演练、评估工作难以融为一体,更缺乏持续改进机制。

(3)应急预案缺乏针对性、实用性和可操作性。具体表现在:①企业不同层级应急预案内容存在重叠现象,集团公司、母公司预案中把大量所属公司或生产厂预案中的应急处置措施列入其中,致使"上下一般粗";应急预案管理、信息公开等制度性内容写入了应急预案;文字描述冗长、繁杂。②没有扎实开展风险评估,企业危险有害因素辨识工作不落实或落实不到位,特别是对可能造成的次生、衍生事故分析不到位。在编制现场处置方案时,对发生事故概率虽小、但后果严重的危险有害因素没有编制现场处置方案。③企业与社会应急资源保障的基本原则不够清晰,应急资源调查不到位。④企业应急预案的应用载体,即应急处置卡缺失或推行不到位。⑤企业应急响应启动条件和响应分级不明确。对可能造成较大社会影响的事故,没有明确应急响应上升一个等级启动应急预案。⑥企业应急响应基本程序存在重叠现象,应急启动、应急处置要素内容不规范。⑦企业不同层级应急预案、不同层级企业与相应地方政府应急预案,以及救援队伍(企业救援队伍、社会救援队伍)应急预案与企业应急预案的衔接不够、应急联动不够,存在多头备案问题。⑧在应急预案尤其是现场处置方案中,对发生事故或险情后,没有明确生产现场带班人员、班组长和调度人员直接处置权和指挥权。⑨对应急预案实施情况的检查不够,尤其是发生事故后,对应急预案的总结评估和责任倒查没有落实[3]。⑩应急预案演练数字化、信息化水平低;难以标准统一、"演""练"并重[4]。

(4)缺乏从省级区域应急预案管理角度,建立煤矿生产安全事故多层次多方位数字预案联动系统评价体系,设计标准统一的及报告编制和生成系统。

14.2 关键技术问题及实现

（1）构建基于文本预案的"横向到边、纵向到底"的多层次多方位数字应急预案体系。以"一案三制"的应急管理体系为基础，收集整理煤矿企业和协议救护队文本预案，进行文本预案共性结构研究，开发：①数字预案功能模块。包括应急信息管理、事件情况分析与模拟预测、应急行动方案的产生与调整、人机交互与演示功能、应急效果评估、应急模拟演练。②数字预案系统的结构。包括系统操作界面、数据库系统、分析与模拟系统、辅助决策系统、评估系统、地理信息系统。③数字预案方案管理信息系统集成。系统是以文本预案为基础数据库，借助应急信息平台提供的信息化手段，快速生成直观、有效的智能行动方案，并可以对方案进行实时调整的软件系统。④建立科学的多方位、多层次的时间维、空间维和管理维上联系紧密的应急预案体系。明确应急预案体系中的事件、组织结构和相应级别规则三大关键要素，理顺不同层级、不同类别预案在时间（生命周期）、空间（纵向、横向）、管理的三维关系，确保在应急预案管理方面企业主体责任、政府属地责任和行业部门监管责任的落实，形成应急整体合力。在横向上，同一级别应急预案在专业上覆盖所有应急事件管理；在纵向上，能够实现省级煤监局、区县煤管局、煤矿企业三级预案衔接管理。

（2）基于数字预案的应急处置流程构造和联动机制研究。以构建的数字预案体系为基础，开展基于数字预案的事件处置（启动处置流程和构造处置流程）研究。启动处置流程包括：①根据事态信息，推荐当前应急响应级别；根据事件信息，人工选择一个数字预案。②根据事件的状态，实例化预案中事件的各个属性、组织机构，根据响应规则启动一个处置流程。③实时事件信息更新。计算机系统可以根据应急流程和当前突发事件的即时信息，为用户推荐后续的应急活动。④响应级别更新。事态发生较大改变时，推荐新的响应级别后更新响应级别后更新整个候选的应急活动集合。⑤根据应急活动的完成情况和事件的事态，推荐后续的应急活动。

（3）建立基于数字预案的"编制—实施—演练—评估—改进"的多方位多层级数字预案系统及其闭环管理体系。应急数字预案的闭环管理应包括编制—实施—演练—评估—改进等环节，①在编制工作的基础上，定期应急预案的培训、演练。②按照虚拟事件及环境信息，对模拟突发事件进行计算机模拟演练或推演，达到检验与完善数字预案系统，使应急人员熟悉应急流程。③分析与模拟系统进行事件情况分析与模拟预测，要求快速与准确。④根据演练和实践的评估结果，以及事故处置救援中的经验教训，及时修订、不断改进完善预案，建立持续改进机制，推动应急预案实用性。

（4）以典型省级区域煤矿安全生产风险辨识标准化、数字化体系建设为基础，开展应急预案联动和应急预案评估试点。以开发的数字预案系统为测试样机，开展：①选择煤矿企业（救护大队）等风险评估、文本预案编制和评审工作基础较好的煤矿进行试点。②依据国家有关法律法规、标准规程，对生产过程中可能引发事故的风险有害因素，制定省级区域风险识别标准。煤矿企业及时完成风险的动态监测和预警。③通过省级区域煤矿风险管理信息系统，形成一个纵向连通市（省）、区（县）、镇（乡）、企业，横向连接综合监管部门、专业监管部门、行业主管部门的预案管理。

（5）省级区域煤矿生产安全事故数字预案联动系统评价体系研究和评估报告大纲编制。开展煤矿生产安全事故数字预案联动系统评价指标、量化评价标准和综合评判方法研究，建立应急预案科学、完备的多级常规性和应急预案动态因素耦合（联动）评估指标体系。煤矿生产安全事故应急预案评价报告大纲要点及评估报告包括：①总则，包括评估对象、评估目的、评估依据、评估组织。②应急预案评估内容，包括应急预案编制依据、组织机构与职责、主要事故风险、应急资源、应急预案衔接、实施反馈。③应急预案适用分析。④改进意见及建议。⑤评估结论。⑥附件。

14.3 矿山事故灾难应急预案评估

熊升华等[5]对针对以直觉模糊数、区间值模糊数和犹豫模糊数混合表征的民航应急预案评估问题，提出一种决策者和决策属性权重信息完全未知的多属性群决策模型。樊舒等[6]针对突发事件的生成和演化规律构建基于实时视频的应急决策情报体系，达到弥补现有应急决策情报体系的不足并提高决策效率的目的。赵金龙等[7]根据城市群特征，结合突发事件的发生发展规律，建立城市群突发事件应急框架，并提出了四类城市群应急协同机制。请求协同、预案协同、共享协同和任务协同机制。朱晓鑫等[8]提出政府进行基于人工智能和高质量数据开放和共享平台构建的数字化转型，进而建立快速、高效的应急管理体系。周敏等[9]提出基于人工系统、计算实验、平行执行方法的平行应急疏散系统，构建系统体系框架及集成平台，通过PeES能实现虚实应急疏散系统的管理与控制、应急方案的实验与评估以及相关人员的学习与培训。荣晓燕等[10]针对政务单位在规范网络安全事件应急响应工作中，由于意识、技术和资源等的局限性，存在共性的应急预案建设和实践方面问题，提出优化预案建议，并对应急预案进行演练和评估实例研究。

14.3.1 煤矿安全生产应急预案形式审查（表 14-1）

表 14-1 煤矿安全生产形式审查表

评审项目	评审内容及要求	评审意见
封面	应急预案版本号、应急预案名称、生产经营单位名称、发布日期等内容	
批准页	1. 对应急预案实施提出具体要求。 2. 发布单位主要负责人签字或单位盖章	
目录	1. 页码标注准确（预案简单时目录可省略）。 2. 层次清晰，编号和标题编排合理	
正文	1. 文字通顺、语言精练、通俗易懂。 2. 结构层次清晰，内容格式规范。 3. 图表、文字清楚，编排合理（名称、顺序、大小等）。 4. 无错别字，同类文字的字体、字号统一	
附件	1. 附件项目齐全，编排有序合理。 2. 多个附件应标明附件的对应序号。 3. 需要时，附件可以独立装订	

评审项目	评审内容及要求	评审意见
编制过程	1. 成立应急预案编制工作组。 2. 全面分析本单位危险因素,确定可能发生的事故类型及危害程度。 3. 针对危险源和事故危害程度,制定相应的防范措施。 4. 客观评价本单位应急能力,掌握可利用的社会应急资源情况。 5. 制定相关专项预案和现场处置方案,建立应急预案体系。 6. 充分征求相关部门和单位意见,并对意见及采纳情况进行记录。 7. 必要时与相关专业应急救援单位签订应急救援协议。 8. 应急预案经过评审或论证。 9. 重新修订后评审的,一并注明	

14.3.2 煤矿安全生产综合应急预案要素审查(表 14-2)

表 14-2 综合应急预案要素评审表

评审项目		评审内容及要求	评审意见
总则	编制目的	目的明确,简明扼要	
	编制依据	1. 引用的法规标准合法有效。 2. 明确相衔接的上级预案,不得越级引用应急预案	
	应急预案体系*	1. 能够清晰表述本单位及所属单位应急预案组成和衔接关系(推荐使用图表)。 2. 能够覆盖本单位及所属单位可能发生的事故类型	
	应急工作原则	1. 符合国家有关规定和要求。 2. 结合本单位应急工作实际	
适用范围*		范围明确,适用的事故类型和响应级别合理	
危险性分析	生产经营单位概况	1. 明确有关设施、装置、设备以及重要目标场所的布局等情况。 2. 需要各方应急力量(包括外部应急力量)事先熟悉的有关基本情况和内容	
	危险源辨识与风险分析*	1. 能够客观分析本单位存在的危险源及危险程度。 2. 能够客观分析可能引发事故的诱因、影响范围及后果	
组织机构及职责*	应急组织体系	1. 能够清晰描述本单位的应急组织体系(推荐使用图表)。 2. 明确应急组织成员日常及应急状态下的工作职责	
	指挥机构及职责	1. 清晰表述本单位应急指挥体系。 2. 应急指挥部门职责明确。 3. 各应急救援小组设置合理,应急工作明确	

评审项目		评审内容及要求	评审意见
预防与预警	危险源管理	1. 明确技术性预防和管理措施。 2. 明确相应的应急处置措施	
	预警行动	1. 明确预警信息发布的方式、内容和流程。 2. 预警级别与采取的预警措施科学合理	
	信息报告与处置*	1. 明确本单位 24 h 应急值守电话。 2. 明确本单位内部信息报告的方式、要求与处置流程。 3. 明确事故信息上报的部门、通信方式和内容时限。 4. 明确向事故相关单位通告、报警的方式和内容。 5. 明确向有关单位发出请求支援的方式和内容。 6. 明确与外界新闻舆论信息沟通的责任人以及具体方式	
应急响应	响应分级*	1. 分级清晰,且与上级应急预案响应分级衔接。 2. 能够体现事故紧急和危害程度。 3. 明确紧急情况下应急响应决策的原则	
	响应程序*	1. 立足于控制事态发展,减少事故损失。 2. 明确救援过程中各专项应急功能的实施程序。 3. 明确扩大应急的基本条件及原则。 4. 能够辅以图表直观表述应急响应程序	
	应急结束	1. 明确应急救援行动结束的条件和相关后续事宜。 2. 明确发布应急终止命令的组织机构和程序。 3. 明确事故应急救援结束后负责工作总结部门	
后期处置		1. 明确事故发生后,污染物处理、生产恢复、善后赔偿等内容。 2. 明确应急处置能力评估及应急预案的修订等要求	
保障措施*		1. 明确相关单位或人员的通信方式,确保应急期间信息通畅。 2. 明确应急装备、设施和器材及其存放位置清单,以及保证其有效性的措施。 3. 明确各类应急资源,包括专业应急救援队伍、兼职应急队伍的组织机构以及联系方式。 4. 明确应急工作经费保障方案	
培训与演练*		1. 明确本单位开展应急管理培训的计划和方式方法。 2. 如果应急预案涉及周边社区和居民,应明确相应的应急宣传教育工作。 3. 明确应急演练的方式、频次、范围、内容、组织、评估、总结等内容	
附则	应急预案备案	1. 明确本预案应报备的有关部门(上级主管部门及地方政府有关部门)和有关抄送单位。 2. 符合国家关于预案备案的相关要求	
	制定与修订	1. 明确负责制定与解释应急预案的部门。 2. 明确应急预案修订的具体条件和时限	

注:"*"代表应急预案的关键要素。现场处置方案落实到岗位每个人,可以只保留应急处置。

14.3.3 煤矿安全生产应急预案现场处置方案要素审查(表 14-3)

表 14-3 现场处置方案要素评审表

评审项目	评审内容及要求	评审意见
事故特征*	1. 明确可能发生事故的类型和危险程度,清晰描述作业现场风险。 2. 明确事故判断的基本征兆及条件	
应急组织及职责*	1. 明确现场应急组织形式及人员。 2. 应急职责与工作职责紧密结合	
应急处置*	1. 明确第一发现者进行事故初步判定的要点及报警时的必要信息。 2. 明确报警、应急措施启动、应急救护人员引导、扩大应急等程序。 3. 针对操作程序、工艺流程、现场处置、事故控制和人员救护等方面制定应急处置措施。 4. 明确报警方式、报告单位、基本内容和有关要求	
注意事项	1. 佩戴个人防护器具方面的注意事项。 2. 使用抢险救援器材方面的注意事项。 3. 有关救援措施实施方面的注意事项。 4. 现场自救与互救方面的注意事项。 5. 现场应急处置能力确认方面的注意事项。 6. 应急救援结束后续处置方面的注意事项。 7. 其他需要特别警示的注意事项	

注:"*"代表应急预案的关键要素。现场处置方案落实到岗位每个人,可以只保留应急处置。

14.3.4 煤矿安全生产事故应急预案评估表(表 14-4)

表 14-4 事故应急预案评估表

评估要素	评审内容及要求	评估方法	评估结果
1. 应急预案的编制依据	1.1 梳理《中华人民共和国突发事件应对法》《中华人民共和国安全生产法》等法律中的有关新规定和要求,对照评估应急预案中的不符合项		
	1.2 梳理行政法规、地方政府法规中的有关新规定和要求,对照评估应急预案中的不符合项		
	1.3 梳理国务院部门规章、地方政府规章中的有关新规定和要求,对照评估应急预案中的不符合项		
	1.4 梳理国家标准、行业标准及地方标准中的有关新规定和要求,对照评估应急预案中的不符合项		
2. 组织机构及职责	2.1 查阅生产经营单位机构设置,部门职能调整,总指挥、副总指挥等关键岗位职责划分等方面的文件资料,初步分析本单位应急预案中应急组织机构设置及职能确定情况		
	2.2 抽样访谈,了解掌握生产经营单位本级、基层单位办公室、生产、安全及其他业务部门有关人员对本部门、本岗位的应急工作职责的意见建议		
	2.3 依据资料分析和抽样访谈的情况,结合应急预案中应急组织机构及职责,召集有关职能部门代表,就重要职能进行推演论证,评估值班值守、调度指挥、应急协调、信息上报、舆论沟通、善后恢复等职责划分是否清晰,关键岗位职责是否明确,应急组织机构设置及职能分配与业务是否匹配		

评估要素	评审内容及要求	评估方法	评估结果
3. 主要事故风险	3.1 查阅生产经营单位风险评估报告,对照生产运行、工艺设备等有关文件资料,初步分析本单位面临的主要事故风险类型及风险等级划分情况		
	3.2 根据资料分析情况,前往重点基层单位、重点场所、重点部位查看验证		
	3.3 开展座谈研讨,就资料分析和现场查证的情况,与办公室、生产、安全等相关业务部门以及基层单位人员代表沟通交流,评估本单位事故风险辨识是否准确、类型是否合理、等级确定是否科学、防范和控制措施能否满足实际需要,并结合风险情况提出应急资源需求		
4. 应急资源	4.1 查阅生产经营单位应急资源调查报告,对照应急资源清单、管理制度及有关文件资料,初步分析本单位及合作区域的应急资源状况		
	4.2 根据资料分析情况,前往本单位及合作单位的物资储备库等重点单位、重点场所,查看验证应急资源的实际储备、管理、维护情况,推演验证应急资源运输的路程路线及时长		
	4.3 开展座谈研讨,就资料分析和现场查证的情况,结合风险评估得出的应急资源需求,与办公室、生产、安全等相关业务部门以及基层单位人员沟通交流,评估本单位及合作区域内现有的应急资源的数量、种类、功能、用途是否发生重大变化,外部应急资源的协调机制、响应时间能否满足实际需求		
5. 应急预案衔接	5.1 查阅上下级单位、有关政府部门及周边单位的相关应急预案,梳理分析在信息报告、响应分级、指挥权移交、警戒疏散等工作方面的衔接要求,对照评估应急预案中的不符合项		
	5.2 开展座谈研讨,就资料分析的情况,与办公室、生产、安全等相关业务部门、基层单位、周边单位人员沟通交流,评估应急预案在内外部上下衔接中的问题		
6. 实时反馈	6.1 查阅生产经营单位应急演练评估报告、应急处置总结报告、监督检查、体系审核及投诉举报等方面的文件资料,初步梳理归纳应急预案存在的问题		
	6.2 开展座谈研讨,就资料分析得出的情况,与办公室、生产、安全等相关业务部门、基层单位人员沟通交流,评估确认应急预案在预警预报、信息报告、响应处置等方面存在的问题		
7. 其他	7.1 查阅其他有可能影响应急预案适用性因素的文件资料,对照评估应急预案中的不符合项		
	7.2 依据资料分析的情况,采取人员访谈、现场审核、推演论证等方式进一步评估确认有关问题		
8. 结论			

14.4 矿山事故灾难应急预案演练模式和绩效量化评估探讨

针对矿山应急处置的基础硬件平台和矿山应急预案"软科学"体系的衔接和效能问题,首先,以突发事件现场指挥体系、应急救助的影响因素和应急管理单元划分原则的相关理论为基础,提出基于单元化的点状和面状应急救助模型的 6 种矿山救援应急预案演练模式;其次,采用专家评估法的定性分析方法,提出应急预案演练模式评估方法和标准;最后,采用量化评估表,对应急预案演练的效果进行量化评估,为矿山应急演练的单元化、模块化和标准化提供一种解决方法和模式。但是,应急预案及应急处置的基础硬件平台和应急预案"软科学"体系的有效衔接是一个非常棘手的问题,这关系到应急救援的效果,同时也是演练(桌面推演、拉动演练、实战演练)与实际应急处置的有效衔接关键技术问题,关系到突发事件应急预案体系的科学性、可操作性。

因此,有必要权衡灾情演变模式多样化和应急处置标准化这对矛盾,建立两者的对立统一平衡,进行矿山事故灾难应急预案演练模式和绩效量化评估探索研究。

14.4.1　预案演练的准备

(1)演练组织机构

成立演练领导小组,组织协调参演部门和人员,必要时聘请专家指导,共同完成应急演练的准备、实施、总结评估和改进工作。根据演练不同类型和规模大小,组织机构和职能可适当调整。

(2)编制演练工作方案

根据实际组织编制演练工作方案,明确演练目的及要求、演练事故情景构建、演练规模及时间、参演单位和人员主要任务及职责、演练筹备工作内容、演练主要步骤、演练技术支撑及保障条件、演练保障方案、演练评估与总结。

(3)编制演练脚本

为确保演练有序进行,针对演练内容、形式、实施程序复杂、涉及场所、参演单位和人员的情况,可对演练程序进行细化后编制演练脚本。

(4)演练前检查

在演练前,应充分考虑演练实施过程中可能产生的突发情况,制定演练安全注意事项或有针对性的预防措施,确保参演、观摩人员的安全。演练前应进行安全检查,确认演练所需的技术资料、设备、设施以及参演人员到位。

14.4.2　应急演练的流程及应急演练模式探讨

(1)应急演练的基本流程

在开展综合或专项应急演练过程中,分别指定演练总指挥、现场指挥和控制人员等,确保演练有序开展,在应急演练总指挥下达演练开始指令后,参演单位和人员按照设定的事故情景-应对模式,实施相应的应急响应行动,直至完成全部演练工作。

(2)应急演练组织方式和矿山应急演练模式选择

在进行应急预案演练的分析中,为区分属地为主的企业自身(协议)救护队与增援队伍,假设:①第一时间响应的是企业自身的救护队及其县级行政区域内的救援队伍(或救护队到达地面指挥基地时间小于 30 min,或救援半径小于 20 km);②增援力量位于远程救援基地、中心,增援距离跨越县级以上行政区域(或者救援半径或者到达地面指挥基地时间大于 30 min,或救援半径大于 20 km);③救护队携带的救援通信系统齐全,最大工作半径大于 10 km。

矿山应急救援模式如表 14-5 所示,包括点状应急救援模式和面状应急救援模式(全局分散应急救援模式、全局顺序应急救援模式、局部分散应急救援模式、混合应急救援模式、特大面状灾害应急救援模式)。

表 14-5　矿山应急救援模式

序号	模型类型	救援模式	应急指挥类型	特点	演练距离 d/(km)	应急指挥层次	覆盖区域
1	点状救助模型	点状应急救援模式	单一指挥	初期救援为矿工自救方式,增援力量主要是进行伤员救助、清理现场,排除二次灾害隐患	$d \leqslant 0.5$	Ⅰ级	单个工作面
2	面救助模型	全局分散应急救援模式	区域指挥	灾情严重,可能诱发二次灾害,救援工作需要在短时间内完成,在各个救援点同时展开,首先到达的救援人员在矿工的协助下无法在短时间内完成救援任务而需要增援	$d \leqslant 2$	Ⅱ级	多个工作面、多个巷道、局部矿井
3		全局顺序应急救援模式	区域指挥	灾情不是很严重,搜救任务区大而救援力量有限,第一批到现场的救援人员无法在合理时间内完成整个灾区的救助,从而可以采用顺序救援,并等待增援力量的分批进行救援	$d \leqslant 2$	Ⅱ级	多个巷道、局部矿井、整个矿井
4		局部分散应急救援模式	区域指挥	受灾严重、灾害区域大且分散(多个任务区)、救援时间短、易发生二次灾害,救援力量不足只能估计受灾严重的灾点,首先到达的救援队必须重点集中在重灾区,增援力量从其他任务区进入作业	$2 \leqslant d \leqslant 10$	Ⅱ级	多个巷道、局部矿井、整个矿井
5		混合应急救援模式	区域指挥、联合指挥	灾害范围广,灾害分布在几个点上,既要集中力量处理重灾区,又要增援力量重灾区,同时对轻灾区进行处理,而且既需要分散救援,也需要顺序救援	$4 \leqslant d \leqslant 10$	Ⅱ级,Ⅲ级	局部矿井、整个矿井、地面矿区
6		特大面状灾害应急救援模式	联合指挥	特大面状灾害影响范围很广,造成的破坏极其严重,受灾人数多,需要国内或者周边省市联动救援,需要增援力量无法估算。救援队伍到达时机不定,需要多个救援队多种救援模式组合	$d \geqslant 10$	Ⅲ级	整个矿井、多个矿井、地面矿区、远程区域

可以看出,点状救助模型和面状救助模型是救援人员、物资和信息传输的基础,以此作为矿山应急救援指挥的演练模式,可以促使矿山应急预案演练标准化、模块化。

14.4.3　矿山应急预案演练实施

(1)成立应急演练评估组

在演练前,通过专家库选取应急演练评估专家组,根据煤矿事故风险评估需要,选取与煤矿事故应急救援相关的管理、技术、生产领域的具有工作经验和专业技术知识丰富的专家,对应急演练情况进行现场评估。

(2)编制演练评估方案

演练评估方案包括演练信息、评估内容、评估标准、评估程序及演练评估所需要用到的相关表格等内容。

（3）演练现场评估

演练前，煤矿按照评估表的要求，结合演练任务和内容，制订演练评估计划，编制工作分解结构图，细化演练项目的现场评估指标表，报演练现场评估组审定。评估人员一方面通过听取演练准备介绍，调阅演练方案、演练脚本、演练筹备会议记录、演练工作组工作实施情况等资料；另一方面通过实地踏勘和现场询问获取现场资料，核实相关计划的落实情况；最后，对照矿山应急预案演练量化评估表（表14-6）所列评估内容，逐项进行量化评估，累计得出每个评估人员评估总分，由评估组汇总计算出平均值，作为现场评估得分 A_1，满分为100分。

表 14-6　矿山应急预案演练量化评估表

一级指标	二级指标	序号	三级指标	分值及评分说明 （所列3个分值为参考值，评估人员可结合演练实际完成情况和效果， 在第1个与第3个分值之间进行动态评分）	得分
演练准备	演练组织	1	目标原则	10分：目标制定有针对性，演练原则讲求实效。 5分：目标针对性不足，原则实效性不强。 2分：只有简单的演练目标或原则	
		2	组织机构	5分：按照"策划、保障、实施、评估"设置组织机构，职责分工明确。 3分：组织机构不健全，职责分工不够明确。 0分：未成立应急演练组织机构	
		3	指挥机构设置	5分：明确演练总指挥、副总指挥、现场指挥，演练指挥员佩戴袖标或演练职务标识证牌。 3分：明确演练总指挥、副总指挥、现场指挥，但演练指挥员未佩戴袖标或演练职务标识牌。 1分：未完全明确演练总指挥、副总指挥、现场指挥等	
	计划方案	4	演练计划一致性	5分：符合预案规定，按照"先单项后综合、循序渐进、时空有序"的原则制订，计划切合实际。 3分：有演练计划，但存在不合理内容。 0分：与预案等规定不一致	
		5	演练情景设定	10分：情景信息内容丰富，事件类别、场景设置、危害性与影响范围等符合实际。 5分：情景设定具有一定的仿真度，但内容不全。 1分：情景设定简单，内容少	
	演练保障	6	参演力量	5分：预案管理部门、专兼职救援队伍、志愿者等涉案单位均参与，对演练角色任务清楚。 3分：部分单位人员参与，未全面覆盖。 1分：队伍数量少	
		7	演练经费	5分：演练经费有保障。 3分：有经费，但不足。 0分：无经费	
		8	应急专家	5分：有专家参与，且专业对口。 3分：有专家参与，但专业不对口。 0分：无专家参与	

一级指标	二级指标	序号	三级指标	分值及评分说明 （所列 3 个分值为参考值，评估人员可结合演练实际完成情况和效果， 在第 1 个与第 3 个分值之间进行动态评分）	得分
演练实施	信息传达	9	信息传递	5 分：信息传递清楚，要素齐全。 3 分：传递比较迅速，部分要素不全。 1 分：信息传递存在失误，需重复确认	
		10	演练解说	5 分：演练背景、进程等解说清晰正确，与现场同步。 3 分：解说不清晰或不同步。 0 分：演练解说存在重大错误或无演练解说	
	应急响应	11	分级响应	5 分：根据事态发展，分级响应迅速、准确。 3 分：分级响应部分环节不准确。 0 分：无分级响应	
		12	指挥控制能力	10 分：演练指挥全程指挥控制能力强，指挥处置果断有序，与演练脚本一致。 5 分：指挥过程与演练脚本不一致。 2 分：指挥决策不当	
		13	处置措施	10 分：按照发生真实事件的应急处置程序进行处置，方法科学。 5 分：处置措施单一。 2 分：处置措施不科学	
	舆论引导	14	新闻宣传	5 分：有舆论引导推演，有媒体参与信息。 3 分：有舆论引导推演，无媒体参与信息。 0 分：无舆论引导推演，无媒体参与信息	
演练总结	记录讲评	15	演练记录	5 分：演练全过程安排有文字、音像记录。 3 分：有文字记录，但无音像记录。 0 分：无文字、音像记录	
		16	演练讲评	5 分：演练讲评全面，问题分析到位。 3 分：演练讲评不全面。 1 分：演练讲评格式化，与演练对应性差	
总分 A_1					

（4）现场专家评议

应急演练结束后评估专家组负责人应汇总评估结果进行现场总结点评，矿山预案演练评估结果如表 14-7 所示，主要评估内容包括：演练开展的整体情况和收到的效果、演练组织情况、参演人员的表现、各演练程序的实施情况和评估结果、演练中存在的突出问题、结合实际演练对完善预案的建议和措施。

（5）撰写总结报告

演练结束后，评估组根据提交的预案完善、修订和演练资料备案等情况，确定总结评估得分。演练评估专家组根据演练记录、演练现场评估情况、应急预案、现场总结等材料，对演练进行全面总结，并会同演练总结评估表形成书面演练总结报告。

表 14-7　矿山预案演练评估登记表

演练项目名称				
现场评估总分 A_1				
总结评估得分 B				
演练评估总分 $S=A_1\times0.9+B\times0.5$				
评估等级	优秀 $S\geqslant90$	良好 $80\leqslant S<90$	中等 $70\leqslant S<80$	合格 $60\leqslant S<70$	不合格 $S<60$
结论				
改进措施与建议				

14.5　本章小结

（1）本章针对应急预案管理和评估存在的问题，提出了从构建多层次多方位数字应急预案体系、基于数字预案的应急处置流程构造和联动机制、构建基于数字预案的"编制—实施—演练—评估—改进"的多方位多层级数字预案系统及其闭环管理体系，基于典型省级区域煤矿的应急预案联动和应急预案评估试点、数字预案联动系统评价体系研究和评估 5 方面的关键技术研究，综述应急预案管理和评估的国内外发展状况，提出一种典型省级区域煤矿生产安全事故多层次多方位数字预案联动与评估体系的解决方案。

（2）针对矿山应急预案演练中遇到的硬件平台和应急预案软体系的衔接问题，首先对应急预案演练的准备、应急演练实施过程、演练评估进行了定性描述；其次，借鉴自然灾害的应急救助的基本模式，提出了 6 种基于应急救助模型的矿山应急预案演练模式，探讨应急预案演练向单元化、标准化的可能性；最后，提出采用专家会议法对演练效果进行定性分析，采用评估量化表对桌面推演、拉动演练、实战演练三种应急预案演练模式效果进行定性分析，并对数据进行综合分析和汇总，为煤炭行业矿山事故应急预案演练提供一种单元化、标准化演练模式，并提出了一套演练效果量化评估方法。

参考文献

[1] 郑万波,李先明,吴燕清//矿山事故灾难应急预案演练模式和绩效量化评估探讨[J].中州煤炭,2016(10):6-9,13.

[2] 张平远.创新应急预案管理的几点思考[C]//2016 年全国安全生产应急管理理论创新论文集.北京:国家安全生产应急救援指挥中心,2016:419-420.

[3] 雷长群.推动应急预案编制从"有"到"优"——对开展安全生产风险辨识标准化数字化体系建设试点的思考[C]//2016 年全国安全生产应急管理理论创新论文集.北京:国家安全生产应急救援指挥中心,2016:421-424.

[4] 赵海京,冯梓洋.应急演练模式和方法研究[C]//2016 年全国安全生产应急管理理论创新论文集.北京:国家安全生产应急救援指挥中心,2016:493-495.

[5] 熊升华,李海,伍毅,等.基于多类混合信息表征的民航应急预案评估模型[J].计算机集成制造系统,2019,25(8):1-8.

［6］樊舒,孙鹏.基于实时视频的应急决策情报体系构建[J].情报杂志,2019(6):17-22.

［7］赵金龙,黄弘,朱红青,等.我国城市群突发事件应急协同机制研究[J].灾害学,2019,34(2):178-181.

［8］朱晓鑫,张广海,孙佰清.人工智能时代下我国政府开放应急管理数据的应用研究[J].图书馆理论与实践,2019(7):1-10.

［9］周敏,董海荣,徐惠春,等.平行应急疏散系统:基本概念、体系框架及其应用[J].自动化学报,2019,45(6):1074-1086.

［10］荣晓燕,朱岩.政务网络安全事件应急预案体系建设实现[J].信息安全研究,2019,5(5):377-382.

15 省级区域多级数字预案体系关键技术开发

15.1 需求分析

以重庆市为例,重庆煤矿应急预案编制、评估、演练和改进的管理是重庆市煤矿安全生产应急管理的常态工作,各煤矿企业按照预案规定完成了各项综合和专项预案(文本预案)的初步演练。2016年10月金山沟煤矿瓦斯爆炸事故以后,生产能力在9万t/a及以下的煤矿都已关闭,重庆市保留63个生产矿井,都于2016年12月完成煤矿事故风险(尤其是较大以上风险)的全面识别,登录重庆市突发事件风险管理系统,并根据《生产安全事故应急预案管理办法》(安监总局17号令),《生产经营单位生产安全事故应急预案评审指南(试行)》、《生产经营单位生产安全事故应急预案评估指南》(AQ/T 9011—2019)的评估原则在南桐矿业公司、松藻矿业公司、荣昌煤管局下属10余个煤矿进行应急预案评估试点。

据重庆煤监局统计,截止到2017年2月,重庆市现有生产煤矿63个,非煤矿山1000余个,矿山救护大队5个,矿山救护中队8个和部分驻矿救护队。多级数字预案体系既适用于煤矿企业(矿山救护队)的应急预案管理和评估,又适合于非煤矿山应急预案管理和评估,同时该技术研究在煤炭行业的省级区域煤矿多层次多方位应急预案管理和评估处于国内领先水平,值得在行业内逐步推广,也是高危行业企业应急预案管理有效工具手段;同时,有效保障矿工及矿区居民生命安全,推动国家煤矿应急预案演练和评估向着数字化、横向多方位、纵向多层级、标准化、高效率方向发展,推动我国公共安全(尤其是高危的行业)领域的应急管理水平,具有较大的公益价值和行业典型示范意义,具有较大的经济社会意义。

15.2 技术开发方案

15.2.1 理论研究

根据搜集的典型煤矿企业文本预案,研究文本预案的共性关键技术(预案形式和预案要素、功能架构,衔接机制等),设计通用数字预案转化模型,将文本预案单元化、模块化和标准化,建立数字预案基础数据库;研究煤矿应急处置流程构造方法、应急联动机制和应急响应级别及模式,以硬件平台、软件平台和人机交互界面为基础,建立预案闭环管理体系。

15.2.2 技术路线

如图15-1所示,首先,对文本预案进行编制、整理和改进,并转化成数字预案系统,对数字预案系统和效能评估软件进行培训,分别在实验室、模拟巷道对典型事故灾害(模拟场景)进行反复桌面演练,并分析实验室和模拟巷道的差异。其次,以桌面演练的数字预案模型为基础,对应急处置流程、联动机制、闭环管理模式、评价模型进行多层次(纵向),多方位(横向)反复现场演练,反复修正,最终达到指挥流畅,效能最优。然后,采用德尔菲法对"是否符合矿山事故应急处置需求?""现场处置是否流畅?"和"应急处置体系能力和效能是否达标?",评价矿山数字预案有效性和实用性。最后,选取2个典型应用示范矿井(协议救护队),依托矿山应急救援多媒体信息平台和煤矿安全生产信息平台,对数字预案模型进行验证;救护队指挥员使用辅助决策软件的功能、实用性进行测试;在不同矿山灾情、响应等级、指挥类型和行政级别的条件下,调用数字预案和评估功能模块,生成数字预案,并评价其有效性,并在桌面演练和现场演练中改进,并根据应急预案评估编制大纲,编制应急预案评估报告。

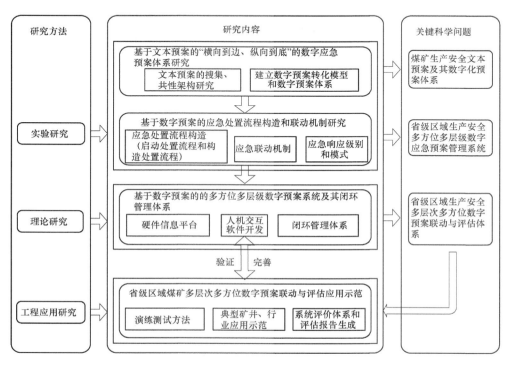

图 15-1　技术路线

15.3　应急信息资源配置

所有的应急管理活动都离不开信息资源的支持,应急管理四个阶段中比较独立的信息资源调度活动如表 15-1 所示。应急信息资源的调度包括应急信息采集、应急信息处理、应急信息传输、应急数据存储(应急数据库)和应急数据分析及综合应用。

表 15-1　应急信息资源的调度

阶段	信息资源调度活动
减缓	公众教育、公共信息
准备	应急响应计划、预警系统、疏散计划、应急沟通、互助协议、公众教育、公众信息
响应	紧急状态宣布、预警信息、公共信息、注册与跟踪、通知上级机构、激活协调中心、损失评估
恢复	咨询项目、公众信息、满足公众诉求、经济影响研究、评估发展计划

（1）应急信息采集。获取应急信息的步骤主要包括：确定评估目的和任务；选择寻找信息源、采集信息；信息准确性、可用性分析和加工；选用合适的评估方法；修正推断结果，得出评估结论。应急信息可以分为三类六种方法：第一类包括历史灾情统计资料的评估方法和基于承灾体易损性的评估方法；第二类包括现场抽样调查统计方法、遥感图像或航片识别方法及基层统计上报方法；第三类为经济学方法。第一类中的两种方法都是确定致灾因子强度和承灾体损失率（易损性）之间关系的方法，区别在于，一个是基于历史的灾情统计资料；另一个是基于承灾体与致灾因子相互作用的机理模型，前者往往是后者的模型验证。用这两种方法确定承灾体的易损性特种后，就可以模拟某一致灾因子超越概率水平下或某一特定灾害情景下，某一地区可能的受灾情况，因此，这两种方法一般用于灾前预评估和灾中快速评估。第二类是在灾害发生后，直接获取灾害破坏和损失情况下的三种方法，现场抽样调查统计方法和基层统计上报方法均属于地面人工采集数据的方法，前者通过抽样调查数据推导出灾情总体情况，一般适用于灾中快速掌握灾情；后者由灾区最小单元（矿工、企事业单位等）逐级上报汇总得到总体的灾情情况，一般适用于灾后对灾情的全面评估。而遥感图像或者航片识别方法更多地用于灾害影响范围和典型区域的灾情数据提取，主要适用于灾中灾情的快速评估。由于这三种方法重点是直接获取损失数据，故更关注评估承灾体因灾害引起的各种破坏形式。第三类经济学方法，是在掌握灾害直接破坏情况的前提下，货币化衡量灾害损失的一种手段。利用经济损失来标定灾情的大小也是国际上通行的方法。因此，经济学方法主要用于灾害全面评估灾情。

（2）应急信息处理。灾情信息具有动态性、多源性、不完全性、冲突性和复杂性等特征，需要在对灾情信息进行处理和分析后，才能在应急决策中应用。应急信息处理包括：对采集的信息数据进行相应的技术处理，如分类和统计，以方便信息数据的查询和归档；对采集的信息数据进行技术分析和编辑；对采集到的信息数据进行分类存储，为建立数据库奠定基础；将有用的在线信息按照统一的格式转换到信息管理系统等。

突发事件的特征决定了对开源灾情信息处理的特殊要求与主要方法，如分布仿真事件时序管理方法等。对突发事件网络数据分析主要分为时空分析和事件演化分析，具体包括时空扫描统计、时空可视化方法、时空插值方法、时空传播模型、数据驱动算法、复杂网络分析、智能体仿真模拟算法等。处理开源信息的方法与技术较为广泛，如设计互联网开源收集与处理的总体框架、基于标准差和平均差确定多指标决策权系数的方法、基于用户兴趣度的信息过滤与分类搜集信息的方法、基于推荐系统应用的开源大数据挖掘平台构建等。非常规突发事件在线信息处理的发展主要集中在危机情报导航上。但是，关于危机情报导航的研究，目前尚缺乏，主要集中在网络信息传播建模、传播网络结构分析和网络关系分析上。

（3）应急信息传输。技术传达指挥调度系统的工作部署，可以提高系统内应急反应速度。及时对系统内、外的信息进行发布，可以增强系统内的互动性和系统外的联动性。在战时或警戒状态时各相关单位应根据指挥调度系统的要求，坚决执行对上级部门的"零报告制度"和"重大事件及时报告制度"。采用标准化的传输方式保证信息传输的高效、灵活、准确，根据系统应急情况的需要，有关信息通过广播、电视等公众媒体向社会公布，保证信息系统的完备和信息传递渠道的通畅，促进实时信息交流能力的提高。应急信息的传输方式如表15-2所示。

（4）应急数据存储及数据分析和综合应用。数据库分为基础数据库和实时数据库。基础数据库将为各系统的运行管理工作提供各类决策辅助的基础数据，同时为过程化、科学化和标准化管理提供有力的信息支持。实时数据库针对某一特定事件设立，因为时间的发生具有不确定性,无法录入基础数据库时,可统一数据库进行管理。目前国内已经有 40 多个灾害数据库。

表 15-2 应急信息传输方式

方式	特点			
	实时性	保密性	应用范围	稳定性
面对面	差	好	广	好
邮寄	差	较差	广	一般
电话	好	一般	广	好
电视会议	好	好	系统内	好
传真	一般	一般	一般	一般
密码传真	较差	好	较少	好
公文交换	较差	好	广	好
密码电报	好	好	一般	好
监测网	好	好	系统内相关部门	好
互联网	好	较差	广	好

15.4 矿山事故灾难应急处置工作流调度和服务组合演练测试

15.4.1 典型煤矿企业事故灾难预警响应分级的应急处置流程

矿井事故应急响应涉及煤炭监管局、各级政府应急办公室、救护队、医疗、电力、警察、应急指挥中心等部门。共享救灾物资和信息等资源,实现跨组织部门的快速反应,统一指挥,合作,建立有效的应急协调体系,及时、高效地开展应急救援活动,为矿山事故灾难应急救援指挥提供强有力的保障。

按照《生产安全事故报告和调查处理条例》和《煤矿生产安全事故报告和调查处理规定》,煤矿事故灾难预警分为四级:特别重大预警(Ⅰ级)、重大预警(Ⅱ级)、较大预警(Ⅲ级)和一般预警(Ⅳ级)。典型煤矿企业事故灾难预警响应分级的应急处置流程如图 15-2 所示。

首先,根据矿山事故应急响应级别,成立矿山事故灾难应急指挥部,启动矿山事故灾难应急预案,依据应急响应级别,将相关信息及时报送到上级政府和煤监局等相关单位或者国家(省级、市、县级)应急救援中心。

矿山事故灾难应急指挥部应下达应急救援指挥任务,协同其他各组织部门配合应急行动,全面展开应急救援工作,如技术支持组(瓦斯、顶板、水害、机电等)和专家组负责现场技术支持,后勤服务组做好后勤和家属安抚工作,对外联络与信息发布组发布信息,治安保卫组维护现场秩序,矿山救护队进行搜救,医护人员对受伤工人进行医疗救治。最后,恢复事故现场,安置受伤矿工和家属,对救援过程进行评估,改进现有预案。从上述分析可见,矿山事故灾难应急救援指挥任务协同指挥流程是一种典型的大规模分布式动态系统,其中的并发、同步、互斥、资源竞争、不确定性等复杂性质,都可以用对应的 Petri 网结构进行精确的形式化描述。矿山事故灾难应急救援指挥协同任务信息用 Petri 网表示,系统中每项任务的输入、输出信息用库所 P 表示;内部信息状态间的转化用 t 表示,在信息可用的库所中设置托肯,托肯的流动代表信息的流动。

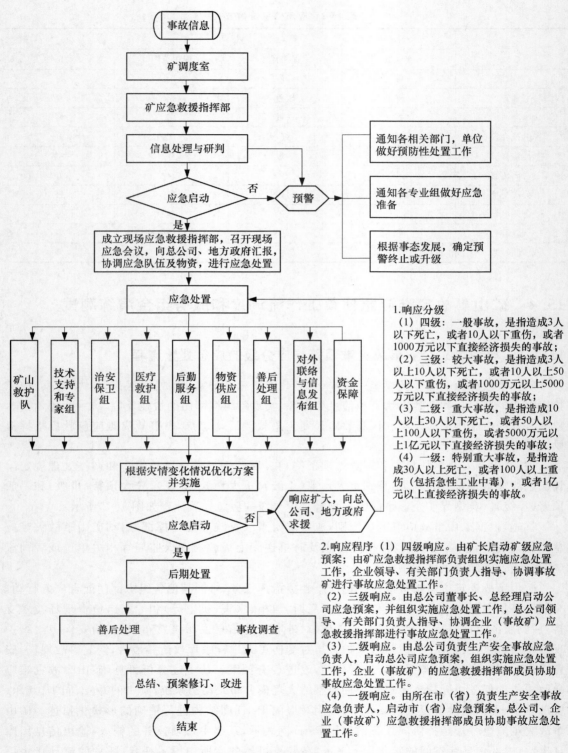

图 15-2 典型煤矿企业事故灾难预警响应分级的应急处置流程

15.4.2　矿山事故灾难应急处置工作流调度和服务组合

灾害事故通常具有非常规性、复杂性和潜在衍生性等特征。此外,决策者和救援队的知识水平以及应急响应过程的合理性对应急响应的效率有更大的影响。这对应对煤矿灾害提出了非常严峻的挑战。此外,对于事故现场救援,应急预案的实用性,及时性和科学性,以及应急救援过程管理的标准化,标准化和量化的研究与实践,还处于初期探索阶段。

矿山灾害应急研究主要集中在应急疏散、应急预案、应急措施等方面,对应急响应程序的研究较少。紧急处理过程是指用于引导应急救援人员应对事故的过程。目前应用最广泛、最常见的流程是从应急预案中提取的。应急预案流程优点在于具有普适性,对于常规的事故应对较为方便和有效,但是,对于具有自身特点的矿难事故,预先规划过程不能满足应急救援的需要。因此,非常有必要从实际事故案例中不断修改和完善应急响应过程。对过程建模可以很好地描述过程并大大提高应急响应过程的有效性。目前,应急响应过程正式建模的手段和结果已相对完整。这些研究中涉及的建模方法包括文本描述、图像和数学模型。

根据建模方法和模型设计,同时,调研市级煤监局发布的煤矿灾害应急指挥体系目标框架和建设任务方案,结合其管辖的多个矿务局成文的应急处置流程标准方案,设计基于煤矿事故灾难预警响应级别的四级应急处置流程对应的模型,最具有代表性的应急处置流程对应的模型如图 15-3～图 15-5 所示。

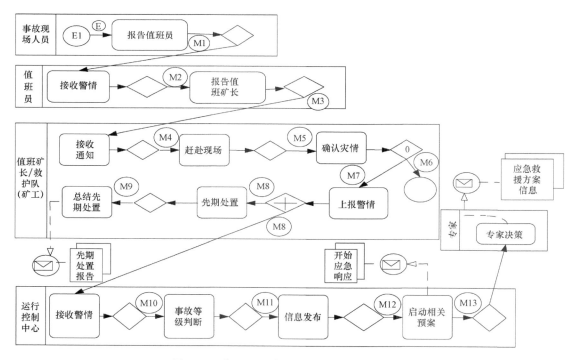

图 15-3　典型矿山事故灾难应急处置流程 I

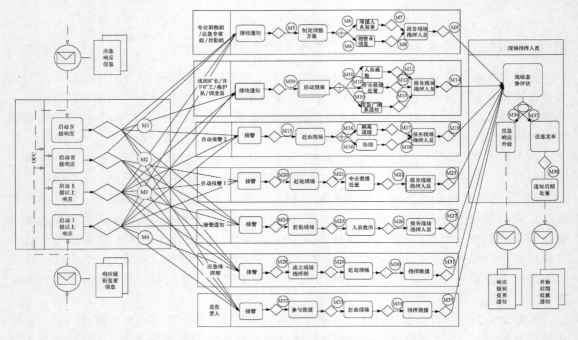

图 15-4　典型矿山事故灾难应急处置流程Ⅱ

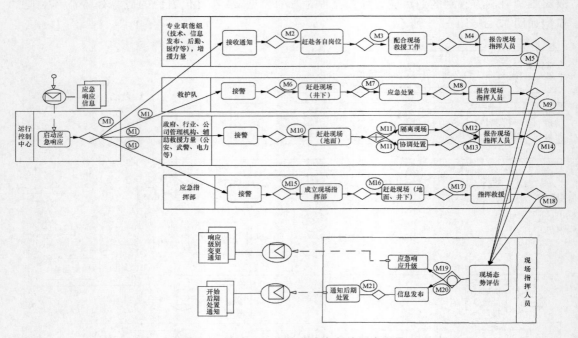

图 15-5　典型矿山事故灾难应急处置流程Ⅲ

在调研已有研究成果和深入研究矿山事故灾难应急处置实际需求的基础上,采用以"灾害应急救援指挥任务基元"为基础的形式模型对问题进行建模和分析。一个基元,是指在应急处置过程中,为了解决某个问题或者实现某个目标,在流程调度层面不可再分的任务最小单位。一个应急处置任务基元,可形式化的描述为:$N_M = (S_b, O_b, O_p, G_o, T_r, R_c, S_m, R_m, T_i, L, C_t, C_s, S_t)$。其中:$S_b$ 为主体集(主体是应急处置任务的执行者,可以是某种类型的人或者是组织）；O_b 为受体集（受体是指应急处置任务的实施对象，即被执行者，如"救援方案""预案"等）；O_p 为操作集（如上报、判断、灭火等）；G_o 为目标（是指实施任务所要达到的效果）；T_r 为触发集（消息触发、时间触发、资源触发、事件触发、执行者触发等）；R_e 为资源集（指任务过程中所需要的资源，包括应急装备、应急物资等）；S_m 为信息发送（SendMessage）；R_m 为信息接收（ReceiveMessage）；T_t 为时间；L 为地点；C_t 为时间约束集（本应急救援指挥任务完成时间的限制）；C_s 为空间约束集；S_t 为任务状态集（空闲、准备、执行、完成、失败、取消等）。对于整个应急处置过程而言，各任务间存在着多种逻辑关系，主要考虑五种常用的逻辑关系：并行汇聚关系、顺序关系、选择汇聚关系、并行分支关系、选择分支关系。

处置子流程是指为了完成某个任务而采取行动的过程，它由应急处置任务主体、基元、事件、信息流、控制流、触发标志、分支控制标志和结束标志等组成：①一个子流程至少包含一个应急处置任务基元；②一个子流程包含的应急处置任务基元目标相同；③一个子流程可以有多个出口和多个入口，入口可以是事件、控制流、信息流，出口可以是控制流、信息流和结束。矿山事故案例子流程构建具体步骤如下：①将抽取出来的矿山事故灾难应急处置任务基元按照"目标"属性进行分组；②针对同一分组中的任务基元，将事件信息接收、事件触发、消息触发、资源触发等属性作为该任务基元的输入集，将应急指挥信息发送作为该基元的输出集；③建立各个应急处置任务基元间的联系，将应急处置任务基元进行两两匹配，若存在输入集中的元素等于输出集中的元素，则将这两个任务基元建立关联；④建立事件与任务基元间的联系，利用输入集中的事件触发建立事件与任务基元间的关联；⑤将事件、任务基元按照其关联连接起来，形成多个子流程。

根据上述模型设计和构想，Qos 服务质量感知的矿山灾害应急处置流程调度和服务组合研究的具体目标是：应急处置流程为服务工作流的模板和框架，确定其中各个处置任务基元对应的实体服务或计算处理资源的集合（注意：部分基元要求固定绑定指定的本地化和内网计算处理设施，以确保高保密性和实时性），考虑流程总体的响应时间/执行代价/传输可靠性和个体关键处置任务基元的截止时间约束，考虑部分关键任务多副本容错要求，预测性的判断 QoS 波动变化趋势，设计生成高实时性和低服务等级违约率的"处置任务基元-实体服务/资源"映射方案的算法。

15.4.3　实验测试

依托瓦斯灾害和应急技术国家重点实验室和煤矿安全国家工程研究中心，研究出三类八种实验演练模型，包括：①有线通信实验（演练）系统：KTN101 矿用救灾指挥装置、KZJ001 煤矿救灾监测系统；②无线通信实验（演练）系统：KT138 矿用无线救灾指挥装置、KTW122 矿用救灾无线通信装置、KT429 矿用无线透地通信系统；③综合通信实验（演练）系统：KT170Z 矿用救灾多媒体通信系统、KT121M 矿用应急通信系统、KT138（A）矿用远距离灾区侦测系统。示例如图 15-6～图 15-8 所示。

关于煤矿现场实验，从 2010 年开始，KT170Z 矿用救灾多媒体通信系统和 KT138（A）矿用远距离灾区侦测系统已经国家矿山应急救援中心下属的 24 个国家矿山应急救援基地（开滦、大同、平庄、鹤岗、淮南、平顶山、芙蓉、六枝、东源、铜川基地等）和 40 余个矿山救护队应用示范，为省、市、县（企业）级应急通信平台现场实验（演练）提供实验所需人员、场所和通信装备。

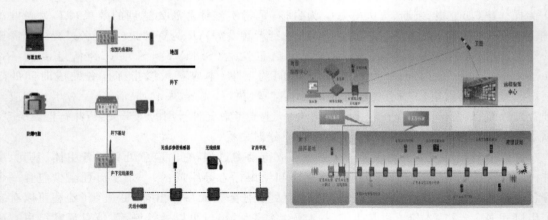

图 15-6　有线 KT101＋无线 KT138 通信信息调度实验

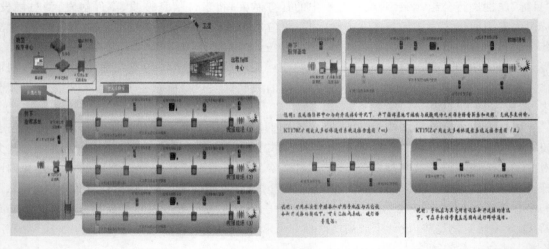

图 15-7　KT170Z 综合多媒体通信信息调度实验

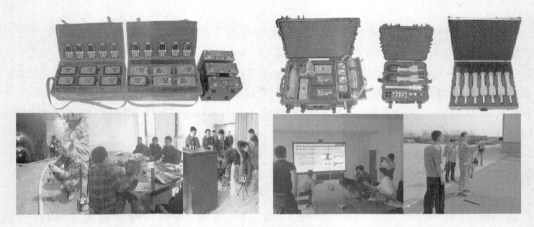

图 15-8　KT170Z 和 KT138（A）通信系统的桌面演练和现场演练

实验单位具有爆炸实验基地建设有地下大型试验巷道,可以进行地面和模拟巷道联合演练测试。合作单位拥有 SUN E3500 计算机系统、曙光机群 cluster(8 结点),SGI 图形工作站 2 台,Sun Ultra 工作站 2 台,微机近百台,Cisco 路由器 10 台、2TB 的磁盘阵列以及信号机及云计算、Petri 网仿真软件等,可以进行实验室测试、仿真和桌面演练。

15.5　本章小结

本章以区域多级数字预案体系设计为导向,从需求分析、技术开发方案、开发内容、信息资源配置、应急处置工作流调度流程、服务组合演练测试对数字预案信息系统设计进行规划设计,为进一步系统开发打下理论和实践基础。

16　智慧应急信息平台数字预案系统集成

　　近年来,世界各国逐步进行标准化应急管理体系(SEMS)的相关研究[1],国外数字化预案技术已经广泛应用于军事、能源、公共卫生、工业制造及农业生产等领域。较为典型的数字化应急预案项目有美国萨瓦纳沿海区数字应急预案系统、美国俄亥俄油气田应急响应系统,英国特茅斯港口应急计划与管理系统、委内瑞拉地震风险应急计划系统、沙特乌斯曼尼亚天然气加工厂应急响应计划系统等[2-4]。

　　我国开始强调要编织全方位、立体化的公共安全网,制定国家"大安全"的战略规划,促使各个行业领域的应急平台逐步融合,向标准化、规模化、一元化和智能化方向发展[5]。我国以"一案"促"三制",预案是龙头,包括应急管理各环节的内容。2003年"非典"疫情以来,国务院办公厅成立应急预案工作小组;2004年4月6日,国务院办公厅印发《国务院有关部门和单位制定和修订突发事件应急预案框架指南》和《省(区、市)人民政府突发公共事件总体应急预案框架指南》,成为我国应急总体预案体系的编制纲领[6]。按照"横向到边、纵向到底"的原则,各级地方政府及部门编制了总体预案、专项预案和部门预案[7]。由此,国家行政应急管理体系大轮廓开始清晰起来,由"一案三制"组成,已经形成了较为完备的"横向到边、纵向到底"的应急预案体系,但是预案的数字化、智能化和信息水平还不高,开始采用虚拟仿真技术、信息技术、网络技术等技术来实现数字化预案[8]。2008年北京奥运场馆消防灭火预案是国内首例采用数字预案技术的预案。相关研究还有数字预案系统的定义、功能结构[9],数字抗旱、防汛预案编制技术体系和方法[10-12],环境应急管理的架构[13],消防灭火数字预案系统设计[14-16],工业集群区环境应急数字预案系统[17]。

　　在煤炭行业,数字预案技术研究逐步开始并趋向成熟。雷长群[18]提出应急预案演练数字化、信息化水平低,难以标准统一、"演""练"并重;深圳市科皓信息技术有限公司[19]推出一种适用于企业的安全生产监管系统,由应急管理部分、预案编制、预案评审管理、预案报备管理、预案修订管理、预案演练管理、预案统计管理七部分组成;郑万波等[20]构建一种典型省级区域煤矿生产安全事故多层次多方位数字预案体系与评估体系;黄强等[21]利用互联网+关键技术,构建"广覆盖、早感知、深融合、自辨识、准预判、全管控"的"互联网+"煤矿安全监管监察新模式与技术体系,是实现"循数管控、分级监管、预防执法"的先决条件。但是,针对区域的数字预案系统还有待开展进一步研究,除企业档案管理、行政许可备案管理、预案管理、人员物资装备管理以外,还应开展区域数据共享云平台、横向纵向多级机构联动、数据挖掘与辅助救援决策研究。为规范省级区域的煤矿较大及以上级别事故的应急救援处置,保证煤矿较大及以上级别事故发生后,迅速、高效、科学、安全地做好应急救援的协调及指导工作有很必要,可以最大限度地减少人员伤亡,降低经济损失和社会影响。本章从智慧应急管理平台的视角,针对应急预案数字化和信息化问题,介绍了一个典型企业级应急管理数字预案和一个典型区域级应急预案系统,为矿山应急管理提供可借鉴的管理信息平台。

16.1　智慧应急管理信息平台功能描述

16.1.1　应急管理部分

（1）应急预案管理

应急预案管理是为安监部门、企业和重点防护单位提供编制、讨论和落实应急预案的数字化平台。应急预案管理系统可单独使用，建立的预案库也可供应急培训演练系统调用。将文本预案进行数字化，可以使预案的编制更加规范，更加方便，同时在启动应急预案时可以做到快速响应，提高预案实施的效率。数字化应急预案管理系统主要应提供预案编制、预案管理、预案评审及预案执行、预案演练五大功能，并需配合调用相关基础数据库。

（2）预案数据库管理

预案数据库建立不仅是管理预案自身文本的数据库，而且要管理与预案相关的所有数据，包括预案文本、企事业单位基本信息、危险源信息、应急装备信息、专家库、法规库、应急处置措施、预案评审记录、预案培训记录、预案演练记录、预案报备记录、预案修订记录等。

预案数据及预案周边数据如图 16-1 所示。

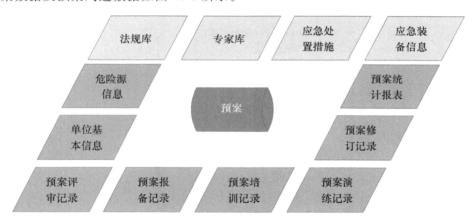

图 16-1　预案数据及预案周边数据

其中：单位基本信息、危险源信息是预案数据的基础信息；预案评审记录、预案报备记录、预案培训记录、预案演练记录、预案修订记录等是预案日常管理维护所息息相关的数据；法规库、专家库、应急处置措施、应急装备信息是预案编制和预案启动运用时的关键信息。

数字化应急预案管理系统把预案数据定义为如上所述的综合性系统性的预案数据体，把预案及其周边数据都进行了关联性管理，为更好的运用和管理预案打下了坚实基础。

同时，针对预案数据的管理，数字化应急预案管理系统按照"分级分类"管理原则，按照"国家级的总体预案、专项预案、部门预案；省、自治区、直辖市级的总体预案、专项预案、部门预案；地市级总体预案、专项预案、部门预案；县级总体预案、专项预案、部门预案；企业总体预案、专项预案、单项预案"进行分级别分类别的管理。

针对预案数据的调阅，数字化应急预案管理系统提供多种快捷的预案检索办法，能够根据预案编号、危险目标、关联事件、事件级别等过滤条件快速检索调阅预案；能够通过预案编号、预案名称、危险目标、关联事件等预案基本信息和关联信息快速定位所需预案；能够通过适用领域、适用范围、预案类别、预案状态、发布时段等设定达到预案检索的快速过滤；并且能够按照关键字，实现预案的全文检索。

在预案数据管理的同时，数字化应急预案管理系统提供丰富的预案模板、预案范例数据供预案编制和预案评审参考和应用；并可通过系统的预案模板，按照预案编制向导自动生成格式化的应急预案。

16.1.2　预案编制

预案编制功能可以通过文本导入、通过模板按照预案要素编写、自动化生成等三种方式辅助编制预案，极大方便安全应急管理人员编写预案，如图 16-2 所示。

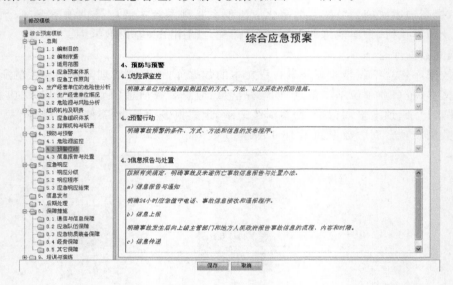

图 16-2　综合应急预案模板

预案编制功能包括：

（1）预案基本信息输入

用户录入预案编制基本信息，包括预案名称、预案类别、编制日期、危险目标、适用范围、基本描述、版本。提交基本信息后系统自动为预案加编号前缀。

预案编号规则按照预案事件类别进行划分，对应突发事件的四大类及相应的子类别。编号前缀为 X-YY-，X 对应四大突发事件，依次为 1 自然灾害、2 事故灾难、3 公共卫生事件、4 社会安全事件；YY 对应各类的子类别，并从 01 开始编号，如自然灾害的水旱灾害为 01，后面的编号为用户自己录入，如某水旱灾害预案编号为 1-01-0001。

（2）危险性分析与预案分级

预案编制的前提是依据可能发生的事故类型、性质、影响范围大小以及后果的严重程度等进行事故预测及危险性分析，因此系统提供事故后果模拟分析模块进行危险性分析。根据分析结果判断预案的分级。不同级别预案的预警范围不同，救援力量不同。

（3）预案编制架构平台（28 个要素）

系统按照预案编制的 28 个要素提供编制架构，用户按照系统提示，进行各部分内容的录入，形成总体预案。总体预案中含有子预案，子预案采用预案任务编制的方式实现，可链接调用。预案 28 个要素编制是将预案划分为八大部分、28 个要素进行编写。

根据预案编制的 28 个要素,预案需配备支持附件,包括危险分析附件、通信联络附件、法律法规附件、应急资源附件、教育培训和演习附件、技术支持附件(MSDS 等)、互助协议附件、技术专家附件、各种表单、其他支持附件等,形成文档与预案链接。

16.1.3　预案评审管理

预案评审管理(图 16-3)的评审主体为专家和领导。系统提供了预案编制部门、评审专家和领导的交互平台,实现了评审工作的电子化办公。

对于每次评审,系统会要求记录每次评审的详细情况,包括时间、评审人员、类型、意见、结论、改进意见等内容。

图 16-3　预案评审管理

16.1.4　预案报备管理

按照《生产安全事故应急预案管理办法》(国家安监总局令第 17 号)第 18～23 条要求,需要将应急预案进行备案管理。预案备案管理主要针对企业上报的应急预案电子文档的查阅。通过本功能(图 16-4),生产经营单位和政府管理部门、下级机构和上级机构能够实现应急预案的网络报备工作,实现生产经营单位和各级政府应急预案管理工作的衔接。系统具备新增、删除上报记录;新增、删除、查询接收记录;上报预案等功能。

16.1.5　预案修订管理

系统能够辅助完成预案修订工作,能够通过系统征求修改意见,通过系统对比阅读修订前与修订后的预案文本。

16.1.6　预案演练管理

演练是检验、评价和保持应急能力的一个重要手段,演练最主要的目的是使应急救援机构及人员熟悉所编预案和发现预案存在的缺陷,所以预案编制完成后要通过演练检验预案的可

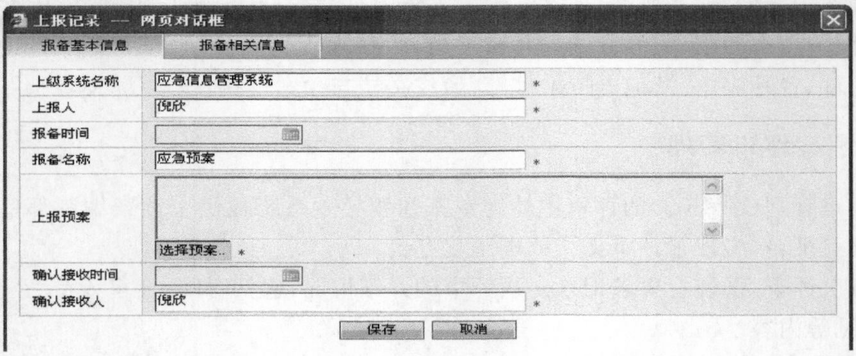

图 16-4 预案报备管理——上报记录

操作性及有效性。预案演练管理重点监管企业是否针对各应急预案进行了演练,是否达到了文件要求的演练频率,是否对演练过程进行了有效的总结。本功能可以记录预案的演练情况,促使用户按演练计划实施预案演练,也方便上级单位对预案的演练情况进行检查。功能包括新增(图 16-5)、编辑、删除演练记录,查看演练列表。管理内容包括演练名称、演练项目、参演人员、演练日期、演练地点、演练方案等。

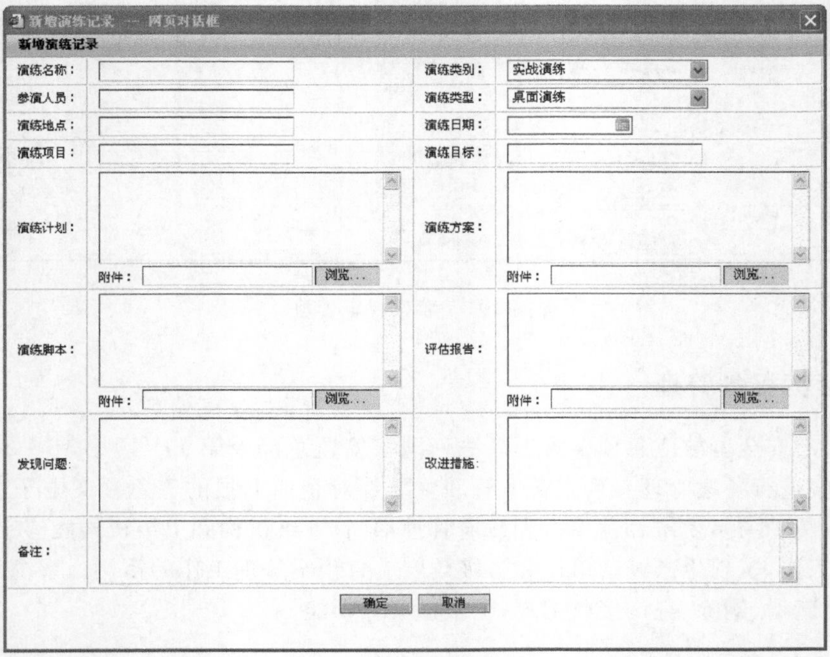

图 16-5 新增演练记录

16.1.7 预案统计管理

如图 16-6 所示,系统能够对预案数量、预案培训情况、预案演练情况、预案评审情况等按照适用领域、适用行业、预案类别、企业规模、企业性质、企业产值、地理位置等参数进行统计分析,并可以对统计结果进行报表分析。

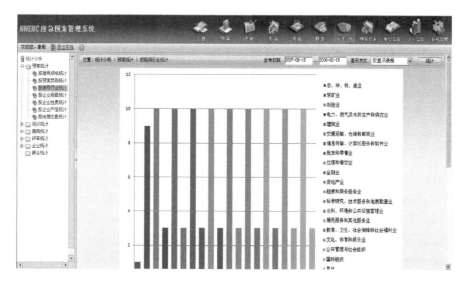

图 16-6　应急预案统计管理

16.2　企业应急预案管理平台

安监部门安全生产监管系统实现对企业的日常管理,高危工艺、重大危险源动态的监测监控、安全事故的预测预警及发生事故后的应急联动等。

16.2.1　企业安全生产状况普查登记(企业档案)

安全生产状况普查登记系统主要是定期对辖区内企业的基本信息、机构信息、安全投入、安全评价、安全培训、安全管理人员、特种作业人员、规章制度、安全设施、特种设备和作业现场、评估情况、证照情况、许可证备案管理、危化品(生产、使用、运输、存储、废弃处置)、危险工艺、企业平面图等情况进行普查登记备案和查询、统计、分析。

系统具备多种检索查询功能,如以地区、行业、产品、性质等分类。企业除了按要求输入和更新基础资料外,还必须按时上网输入安全生产管理动态(如每周必须输入一次企业安全生产总体情况、自查自改、存在问题),以接受辖区管委会部门的监管。对基础数据缺乏或更新不及时的情况,系统会自动提示报警。

(1)企业基本信息管理

企业基本信息管理重点是将企业在工商注册的信息进行管理,了解企业的名称、地址、经营范围、成立日期、员工人数、企业规模、法人以及联系方式。从安全生产的角度,把安全生产管理人员的基本情况纳入基本信息进行管理。

主要功能包括:系统提供企业信息的录入、查询、管理更新。同时企业基本信息是这个系统的基础之一,各相关功能模块都可以调取企业的信息,比如重大危险源管理、隐患管理等模块。

(2)机构信息管理

对企业与安全生产管理有关的部门进行管理,重点是部门的负责人、联络人、联系电话等。在涉及安全生产相关的事件时,能够迅速找到相关人员。

主要功能包括:对企业的机构进行管理,提供填报、编辑、查询以及被其他模块调取等功能。

（3）安全管理人员管理

安全管理人员包括企业负责安全管理的分管领导、负责人、安全员等。安全管理人员是企业安全管理的落实者和监督者，也是辖区管委会安全机构行使安全监督职能的接口人。

主要功能包括：对安全管理人员的信息进行管理、更新、查询；可与系统的短信发送、系统提醒等功能联动；当有相关预警信息、公告信息时，可以调用安全管理人员通讯录，直接将信息发送至相关安全管理人员。

（4）特种作业人员管理

特种作业人员是指直接从事特种作业的从业人员。作业类别主要包括：电工作业、焊接与热切割焊作业、高处作业、制冷与空调作业、煤矿安全作业、金属非金属矿山安全作业、石油天然气安全作业、冶金（有色）生产安全作业、危险化学品安全作业、烟花爆竹安全作业。

主要功能是对特种作业人员的信息进行管理、更新、查询。系统会自动检索特种作业人员证件有效期限，对即将过期、已经过期的证件自动提醒特种作业人员及监管单位负责人。

16.2.2 许可证备案管理

对辖区内企业的安全生产行政许可证书进行管理，实现定期对辖区企业的安全生产许可证、危险化学品经营许可证等各类许可证的登记、报备、到期提醒及综合查询。

（1）安全许可备案

安全许可备案包括对辖区内企业的安全生产许可证、危险化学品安全生产许可证、危险化学品经营许可证、易制毒化学品生产经营备案证等各类安全许可证信息进行备案，其界面如图16-7所示。

图 16-7　许可证管理

（2）安全许可到期预警提醒

系统自动根据企业备案的安全许可证信息进行检索，对辖区内企业即将过期、已经过期的安全许可进行预警，并以邮件、短信等多种途径通知企业相关负责人。

（3）安全许可统计分析

系统提供按许可证类型、许可证状态、年份、月份统计经济辖区企业安全许可证情况，其界面如图16-8所示。

（4）规章制度管理

企业的规章制度是保障企业正常运转的基础，从安全生产的角度，系统重点将安全生产有

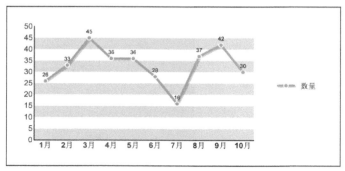

图 16-8　安全许可统计分析

关的制度进行管理,大的方向包括安全生产责任制、培训教育、安全操作规程、危险作业安全管理制度等。

主要功能包括:根据标杆企业或者国家安全标准化的要求,系统提供标杆企业应该具备的规章制度清单,企业根据清单,逐条填写相应的制度。同时,监管人员根据填写情况进行考核。

(5)安全设施管理

安全设施是指企业(单位)在生产经营活动中将危险因素、有害因素控制在安全范围内以及预防、减少、消除危害所配备的装置(设备)和采取的措施。

主要功能包括:对安全设施信息进行管理、更新、查询。系统会自动检索安全设备信息,对即将到检验日期或已经过了检验日期还未检验的设施自动提醒监管单位相关负责人。

(6)特种设备管理

根据国务院令第 549 号颁布的《特种设备安全监察条例》,特种设备是指涉及生命安全、危险性较大的锅炉、压力容器(含气瓶)、压力管道、电梯、起重机械、客运索道、大型游乐设施。其中锅炉、压力容器(含气瓶)、压力管道为承压类特种设备;电梯、起重机械、客运索道、大型游乐设施为机电类特种设备。

主要功能包括:对特种设备信息进行管理、更新、查询。系统会自动检索特种设备信息,对即将到检验日期或已经过了检验日期还未检验的特种设备自动提醒监管单位相关负责人。特种设备列表界面如图 16-9 所示。

(7)危险工艺管理

危险工艺就是指能够导致火灾、爆炸、中毒的工艺。其中,所涉及的化学反应包括:硝化、氧化、磺化、氯化、氟化、氨化、重氮化、过氧化、加氢、聚合、裂解等的反应。首批重点监管的危险化工工艺目录有 15 种,分别是:光气及光气化工艺、电解工艺(氯碱)、氯化工艺、硝化工艺、合成氨工艺、裂解(裂化)工艺、氟化工艺、加氢工艺、重氮化工艺、氧化工艺、过氧化工艺、氨基化工艺、磺化工艺、聚合工艺、烷基化工艺。

图 16-9　特种设备管理

主要功能包括：对企业危险工艺信息进行管理、更新、查询。危险工艺管理列表界面如图 16-10 所示。

图 16-10　危险工艺管理

（8）企业平面图管理

主要功能包括：对企业平面图信息进行管理、更新；平面图预览可以自动播放，支持放大、缩小。企业平面图管理列表界面如图 16-11 所示。

16.3　省级区域数字预案系统设计

16.3.1　设计目标

（1）信息及时性

为了确保应急处置相关人员或部门及时有效地收到事故信息，系统采用多种消息传递方式，以应对不同环境、不同方式下的信息传递，主要方式为电脑端消息推送与提醒、移动 APP 端消息推送与提醒，发送手机短信、聊天语音，打电话等多种方式。

图 16-11 企业平面图管理

（2）应急处置流程化

通过系统实现应急救援响应流程化管理,明确每个流程每一步应该做什么,让使用本系统的工作人员对自己应该做什么一目了然,进而提高应急救援的协调及指导工作;提供丰富的工作流定义,通过用户自己配置即可实现各种灵活复杂程度的流程功能要求。

（3）数据统计分析与再利用

对每次事故的处置进行数据化分析,让用户清楚每次救援的优缺点,方便用户事后整改,并且为下一次同类型事故提供参考,以提高应急救援响应的速度与效率。

16.3.2 省级区域数字预案体系架构设计

通过数字化技术,实现文本预案的数字化管理,同时形成一个多方位多层级联动的智能化系统,如图 16-12 和表 16-1 所示。

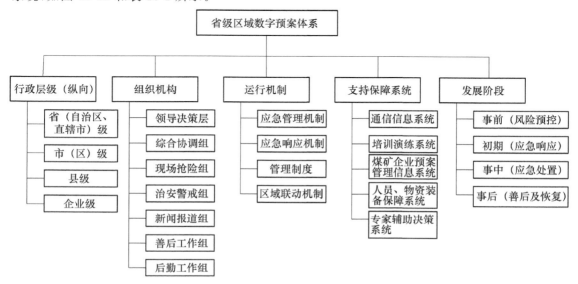

图 16-12 省级区域数字预案体系

表 16-1 省级区域数字预案系统框架

人员与部门管理	基本信息管理	对所有人员的个人信息管理及处室信息管理,人员的增、删、改、查等功能。人员权限分配。根据事故类别组建应急领导小组及参加部门
	部门工作管理	管理部门日常工作流程,救援工作管理,资料归类管理。包含以下部门:事故调查处、安全监察处、安全监管处、行业管理处、科技装备处、瓦斯防治与利用处、救援中心、统计中心、机关党委、煤矿安全监察分局(办事处)
	信息处置	根据煤矿事故分级向相关部门或单位报送信息。发布辖区煤矿事故情况,跟踪、续报事故救援进展情况,以及其他事情公告
应急预案管理	应急预案编制	对事故按重要性进行分级,建立相应级别的应急预案,以及对预案的管理(增、删、改、查及发布)
	应急预案演练	对人员或组织进行培训演练模拟,使其熟悉应急流程。演习计划生成,演习数据统计与分析,演习评估
	应急预案修订与更新	随着应急救援相关法律法规的出台、修改和部门职责的调整变化,或在实施过程中发现存在问题,应及时修订完善相应的预案
	应急预案备案	应急预案发布后分别向当地人民政府、国家安全监督管理总局申请备案。查询已申请的备案
应急响应	前期处置	统计中心接收到上报的事故信息后,向上级和领导小组报告情况,根据事故类别、性质确定带队领导,通知救援中心
	启动预案	救援中心接到事故信息后,按政府应急救援分级启动相应的预案
	信息报告	统计中心实时报送事故救援进展信息,呈报上级领导指示,跟踪报送救援情况
	应急处置	救援中心根据事故情况,组织调集相关救援资源,调动应急救援队伍及时开展救援工作,组织救援专家进行咨询、论证,为应急救援提供技术支持,协调市内其他矿山救援队
	后期处置	灾情统计,事故调查,应急救援能力评估,事故总结,提交上报《抢险救援报告》事故数据上传备份
技术支持和保障	救援队伍保障	救援队伍基本信息管理,救援装备管理,救援物资管理,救援队伍的调集、协调,请求其他救援队伍增援,救援专家管理,救援专家派遣等功能
	救援装备保障	
	救援专家保障	

16.3.3 省级区域数字预案系统软件功能设计

(1)系统首页

首页主要是推送新闻公告、未读消息等,按不同部门权限查看,可以进行点评,同时做阅读统计。

(2)系统管理

角色管理主要是人员的增、删、改、查等功能,分配人员权限。组织机构管理模块用于对所有部门及其下属单位进行编码管理和维护。具有管理员权限的用户可以通过本模块新建或修改相应的组织信息,这样,即使组织单位发生了调整或增减,系统均能够通过简单的调整来适应这样的变化,从而极大地增强了系统的可维护性和适应能力。用户管理与组织机构设置密切相关,在人员注册的时候,录入个人相关信息,并选择注册人员所属的部门,实现个人信息管理及部门信息管理。

（3）应急预案管理

① 应急预案编制

对应急事故按重要性进行分级,建立相应级别的应急预案,并对预案进行管理,根据评审结果发布预案,查看历史应急预案。

② 应急预案演练

对人员或组织进行培训演练模拟,使其熟悉应急流程。主要功能:演习计划生成、演习数据统计与分析、演习评估。

③ 应急预案评审

基础设置包括对各种类型与各种级别的应急预案建立相应的评审项目并设置评审人员,提交评审结果。

④ 应急预案修订与更新

随着应急救援相关法律法规的出台、修改和部门职责的调整变化,或者在实施过程中发现存在问题,应及时修订完善相应的预案。主要功能:预案修改,预案更新,记录历史修改。

⑤ 应急预案备案

应急预案发布后分别向当地人民政府、国家安全监督管理总局申请备案。主要功能:备案申请,备案记录,备案查询。

（4）救援部门管理

① 统计中心

主要功能:日常工作流程管理,主要包含新建流程、流程审批,已审流程记录;值守排班,主要记录应急值守人员的排班情况,支持生成排班表、排班人员调整;应急值守;事故接报,接收事故现场发来的事故信息;事故信息填写,主要填写事故发生的时间、地点、事故详情描述等基本信息;事故上报,将填写的事故信息上报给局长和有关部门;接收上级批示、指示,跟踪、续报事故救援进展情况,实时接收与报送事故救援进展信息,填写与上报救援日志。

② 救援中心

主要功能:日常工作流程管理,如救援资源管理,包括资源分类、资源发放调动、资源数量的管理、资源有效期限管理、资源使用记录、资源少或没有提醒等;救援装备管理,包括装备分类、装备发放调动、装备数量的管理、装备损耗管理、装备使用记录、装备少或没有提醒、装备维修记录等;救援队伍管理,包括救援队伍基本信息、救援队伍擅长事故类型、救援队伍当前状态、救援队伍筛选;救援专家管理,包括救援专家基本信息、救援专家擅长事故类型、救援专家当前状态、救援专家筛选;救援方案管理,包括方案详情、方案适用分类、方案制定人员查看。管理均包含增、删、改、查项目,救援日志填写与上报。

③ 安全监察处

主要功能:主要包含新建流程、审批流程、记录已审流程,安全监察的情况和信息管理,安全生产许可证管理,救援日志填写与上报。

④ 事故调查处

主要包含新建流程、流程审批,已审流程记录;救援日志填写与上报,事故情况记录。记录事故情况参数是为事故原因调查提供依据。

⑤ 机关党委

主要包含新建流程、审批流程、记录已审流程;事故信息发布,现场新闻发布,通过发布事故信息与救援进展情况,使得全部人员都能看到事故情况。

⑥ 行业管理处

主要包含新建流程、审批流程、记录已审流程;煤矿事故单位资源整合报告,煤矿建设项目设计审查,煤矿建设项目竣工验收记录,救援日志填写与上报。

⑦ 其他管理部门

主要包含新建流程、审批流程、记录已审流程;救援日志填写与上报。

(5)文件管理

主要功能有文件上传、文件下载、文件在线阅读、文件分类管理。

(6)后期处置

主要功能:救援日志汇总,可以查看应急救援所有日志和突发情况报告,实现按时间、部门日志筛选;救援能力分析评估,根据用户提供的评估标准项,每一项设置评估,提供评估结果修改;填写抢险救援报告;救援事故存档,包括事故资料整理完后实现存档,存档后如要修改或查询需要相应权限。

16.4 省级区域数字预案联动评估信息系统

16.4.1 系统登录界面

(1)首先,进入区域煤矿应急管理数字预案联动评估系统登录界面。如图 16-13 所示,登录成功后进入主界面,默认为待接警工作状态界面;显示账号信息和未读事项提醒。

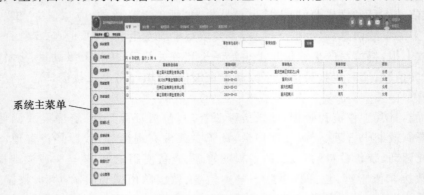

系统主菜单

图 16-13 系统待接警工作状态界面

(2)系统主菜单菜单导航(图 16-13 左侧)。包括系统管理、日常值班(区域应急救援中心)、突发事件、预案管理、表单填报、救援管理、救援队伍(辖区救护队)、救援设备、应急演练、数据大厅、企业管理(辖区煤矿)。

16.4.2 系统主要功能模块

(1)系统管理。包括科室管理、权限管理、角色管理。

（2）日常值班管理分为以下四部分：

① 日常接报。包括调度传真，领导批示（网上完成），事件举报，值班信息事故快报，较大以上煤矿事故跟踪情况表（图 16-14），较大以上煤矿事故跟踪情况续表。

较大以上煤矿事故跟踪情况表

事故单位名称	XXX XXX				
事故发生地点	XXX XXX				
事故发生时间	2019年 02月21日 15时 47分			事故类别	XXX
建井时间	2016年	投产时间	2019-02-06	开拓方式	XXX
矿井瓦斯等级	低瓦斯矿井☑		高瓦斯矿井☑		煤与瓦斯突出矿井☑
企业类别	国有重点☑		国有地方☑	镇（乡）煤矿☑	
	村办煤矿☑		个体煤矿☑	股份制企业☑	
人数核定	下井总人数 1 被困人数 1 死亡人数 1 受伤人数 1				
生产能力	设计 1 万吨/年 核定 1 万吨/年 实际产量 ___ 万吨				
矿井证照情况	采矿许可证☑		煤炭生产许可证☑		安全生产许可证☑
	营业执照☑		矿长资格证☑		矿长安全资格证☑
矿井性质	合法矿井☑	非法矿井☑	违法生产矿井☑		停产整顿☑
矿井生产状态	生产矿井☑	技改矿井☑	基建矿井☑		资源整合☑
事故地点类型	采煤面☑	掘进面☑	上下山☑	大巷☑ 井筒☑	其他☑
瓦斯监测监控系统	安装☐		运行正常☑		运行不正常☑
	事故前显示数据 XXX				未安装☑
防突措施	永久抽放系统☑	临时抽放系统☑	其他措施 XXX		

图 16-14　较大以上煤矿事故跟踪情况表

② 手机短信管理。短信收发平台功能包括：发送短信；通过短信编辑界面，快速给指定人发送手机短信；已发短信、紧急短信、待发短信管理；短信类型管理。

③ 交接值班。包括：值班、守班、交接班记录，排班管理，查看值班安排，排班设置。

④ 停工停产。煤矿停工停产需要填写图 16-15 所示的停产停工煤矿信息调度情况表。

_____ 年全市停产（停工）煤矿信息调度情况表

矿井名称	在籍矿井			煤矿瓦斯等级				按煤矿类型				其中：停产（停工）情况			按煤矿类型分			按停产原因分						备注	操作
	处数	设计能力	核定能力	突出	高瓦斯	瓦斯	未鉴定	生产	新建	改扩建	资源整合	处数	核定能力	生产	新建	改扩建	资源整合	安全事故	安全隐患	计划关闭	政策停产	春节停产	其他		
	0	0	0	0	0	0	0	0	0	0	0	0	0	0	0	0	0	0	0	0	0	0	0		删除
	2	2	2	2	2	2	2	2	2	2	2	2	2	2	2	2	2	2	2	2	2	2	2		删除

填报日期：2019-05-10　所属地区：请选择　设计、核定能力：万吨/年

图 16-15　停产（停工）煤矿信息调度情况表

(3)突发事件管理按环节进行。

① 接警。

由当地煤矿、值班人员、煤监分局填报以下类型事故表(煤矿企业→事件快报)。

a. 煤矿伤亡事故快报表,如图 16-16 所示,主要内容有:事故单位名称,经济类型,煤矿类型,事故类别,安全评估等级,持证情况,事故发生时间、地点、现场人数,人员伤亡、失踪基本情况,事故单位基本概况,事故经过及初步原因分析,救援组织情况,单位负责人等。

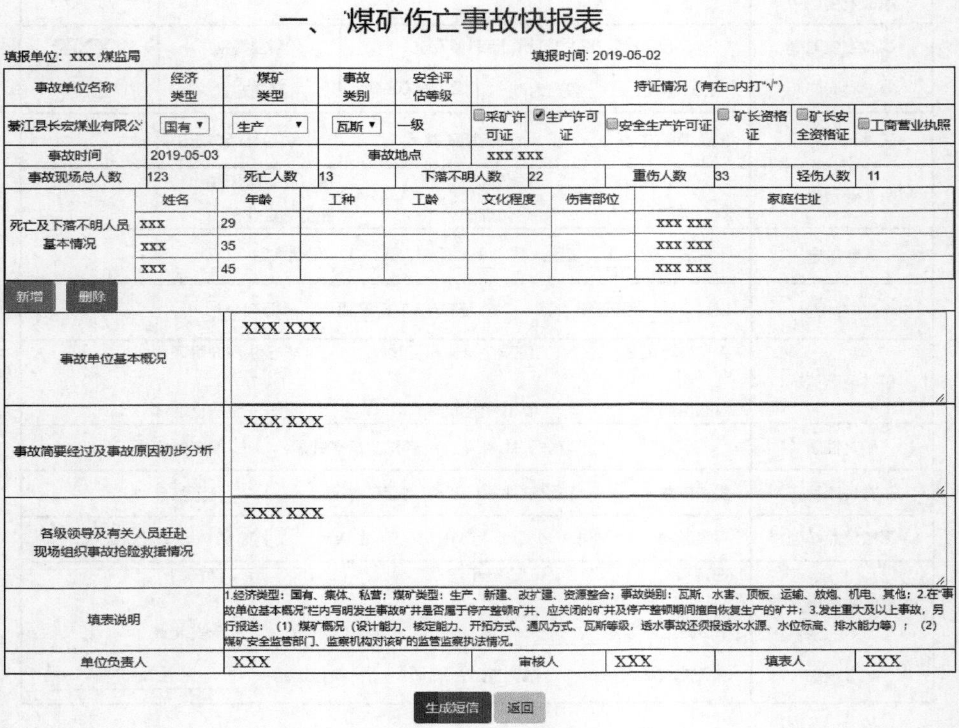

一、煤矿伤亡事故快报表

填报单位: xxx 煤监局　　填报时间: 2019-05-02

事故单位名称	经济类型	煤矿类型	事故类别	安全评估等级	持证情况(有在□内打"√")					
綦江县长宏煤业有限公	国有	生产	瓦斯	一级	□采矿许可证	☑生产许可证	□安全生产许可证	□矿长资格证	□矿长安全资格证	□工商营业执照

事故时间	2019-05-03	事故地点	xxx xxx						
事故现场总人数	123	死亡人数	13	下落不明人数	22	重伤人数	33	轻伤人数	11

死亡及下落不明人员基本情况	姓名	年龄	工种	工龄	文化程度	伤害部位	家庭住址
	xxx	29					xxx xxx
	xxx	35					xxx xxx
	xxx	45					xxx xxx

新增　删除

事故单位基本概况	XXX XXX
事故简要经过及事故原因初步分析	XXX XXX
各级领导及有关人员赶赴现场组织事故抢险救援情况	XXX XXX
填表说明	1.经济类型:国有、集体、私营;煤矿类型:生产、新建、改扩建、资源整合;事故类别:瓦斯、水害、顶板、运输、放炮、机电、其他;2.在"事故单位基本概况"栏内写明发生事故矿井是否属于停产整顿矿井、应关闭的矿井及停产整顿期间擅自恢复生产的矿井;3.发生重大及以上事故,另行报送:(1)煤矿概况(设计能力、核定能力、开拓方式、通风方式、瓦斯等级,透水事故还须报透水水源、水位标高、排水能力等);(2)煤矿安全监管部门、监察机构对该矿的监管监察执法情况。

单位负责人	XXX	审核人	XXX	填表人	XXX

生成短信　返回

图 16-16　煤矿伤亡事故快报表

b. 生产安全伤亡事故情况。如图 16-17 所示,包括单位名称,单位地址,法人代码,事故发生时间,事故发生地点,直接经济损失,损失工作日,从业人员数,主管部门,登记注册类型,单位规模,人员伤亡情况,所在行业,事故原因,事故类别,统计分类,事故分类,致害原因,煤矿企业填写部分,起因物,致害物,不安全状态,不安全行为,事故概况等。

c. 重大非死亡事故快报表。如图 16-18 所示,包括事故概况,事故简要经过,初步原因分析,已经采取的措施,其他有关事项。

d. 短信通知。在待接警工作状态界面会接收到相关事故信息提示,点击处理事故,进入煤矿伤亡事故快报表界面,点击生成短信进入短信编辑界面,完成后点击发送,事故信息就会发送手机短信到应急救援指挥部的成员。

e. 填写"值班报告",完成填报会生成值班报告。

② 审批。

填报"煤矿事故快报审签表",等待管理部门负责人审批,查看如图 16-19 所示的煤矿事故快报审签表后面的快速审签结果。

伤亡事故情况（生产安全事故情况）

单位名称		登记注册类型		所在行业		行业分类		煤矿企业填写			
									地点分类	统计属别	煤矿类型
单位地址											国有重点 ▼
单位法人代码		国有 ▼		农、林、牧、渔业 ▼							各种证件
邮政编码									地面 ▼	原煤生产 ▼	采矿许可证 ▼
事故发生时间											□齐全
事故发生地点											□不齐
直接经济损失（万元）		单位规模		事故原因		事故类别		统计分类		事故分类	致害原因
损失工作日								行业			
从业人员数											
主管部门											
人员伤亡总数（人）								石油 ▼			
死亡	重伤	轻伤	大型 ▼	技术和设计有缺陷 ▼		物体打击 ▼				顶板 ▼	冒顶 ▼
其中：非本企业人员伤亡（人）								危险种类			
死亡	重伤	轻伤						危险化学品 ▼			

起因物		致害物	不安全状态	不安全行为		事故概况
锅炉 ▼		煤、石油产品 ▼	防护保险信号等装置缺乏或有缺陷 ▼	操作错误忽视安全忽视警告 ▼		

单位负责人：　　　　部门负责人：　　　　填表人：　　　　联系电话：　　　　报出日期：

保存　返回

图 16-17　伤亡事故基本情况

重大非死亡事故快报表

填报单位：　　　　　　　　　　　　　　　　　　　报出时间：

事故概况	发生时间		类别		事故影响时间	小时
	发生地点		等级		影响产量、进尺	（吨，米）
	经济损失				万元(直接经济损失)	

事故简要经过	
初步原因分析	
已经采取的措施	
其他有关事项	

单位分管领导：　　　　部门负责人：　　　　填表人：　　　　联系电话：

保存　返回

图 16-18　重大非死亡事故快报表

煤矿事故快报审签表

编号：XXX

(一) 接报时间	事故发生 时间	事故区县及矿井	分局报告人	分局签批人	事故级别	报送单位		
						国家局	市委	市政府
2019年05月27日16时20分36秒	2019年05月27日16时20分20秒	XXX	XXX	XXX	XXX	XXX	XX	XX

(二) 事故情况	事故类别			死亡 (人)	受伤 (人)	下落不明 (人)	事故涉险 (人)	
	XXX XXX			20	20	3	50	

(三) 事故基本 情况概述	XXX XXX		
(四) 局领导批示	XXX XXX	签字：	日期：
(五) 统计中心 意见	XXX XXX	签字：	日期：
(六) 处置意见 落实情况	XXX XXX	签字：	日期：

填报人 管理员　　　　　　　　　填报时间：2019年05月27日

流水号：954，煤矿事故快报审签表(2019-05-27 04:19:26)		
第1步	事故接报	管理员（已办结） 开始于：2019-05-27 16:19 结束于：2019-05-27 16:24
第2步	局领导批示	管理员（未处理） 开始于：2019-05-27 16:24 结束于：2019-05-27 16:27

打印设置　打印预览　打印

图 16-19　煤矿事故快报审签表及其审核结果

③ 现场处置。

包括现场应急处置、信息发布及网络协同办公。现场处置信息发布及协同办公平台如图 16-20 所示，包括实时动态（信息沟通），事态进展（跟踪救援、事态响应、接报预警），报告签审（救援完成后填写总结报告）等。

图 16-20　现场处置信息发布及协同办公平台

④ 救援结束后，记录应急处置过程，存档，备案。

⑤ 恢复到待接警状态。处置结束后，系统恢复到第一步待接警状态。

(4)预案管理，分为两类：

① 文件柜管理。文件柜分为个人文件柜、公共文件柜、共享文件柜。

② 预案审批及报备。

(5)表单填报。包括值班电话处理单，属地行政领导批示，事故审签表，气象信息专报，重要天气服务快报，信息摘要，总局预警信息，每日值班综述，市政府领导批示，应急管理部总调度传真。

(6)救援队伍管理。包括救援队队伍总览，人员预览，救援专家预览，事故单位伤亡情况表，救援登记卡，矿山救护队员伤亡事故报告表(图 16-21)等。

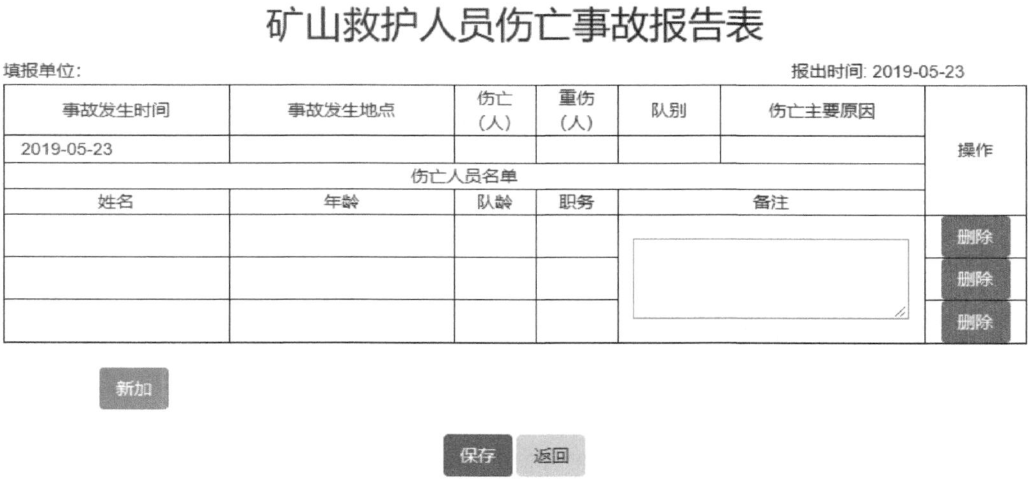

矿山救护人员伤亡事故报告表

填报单位:　　　　报出时间: 2019-05-23

事故发生时间	事故发生地点	伤亡(人)	重伤(人)	队别	伤亡主要原因	操作
2019-05-23						
伤亡人员名单						
姓名	年龄	队龄	职务	备注		
						删除
						删除
						删除

新加

保存　返回

图 16-21　矿山救护人员伤亡事故报告表

(7)救援设备管理，分为以下方面：

①设备保养实施。包括设备名称、运行情况、维护内容、保养人、保养时间、设备位置及保养审核等。②设备调拨。包括设备名称、规格型号、出厂标号、数量、调入调出单位，设备状态和调拨时间等。③供应商管理。包括供应商的编号、名称、地址、售后电话等基本信息。④设备基本信息。包括设备名称、代码、型号、厂家、产地、生产日期、分类、数量、使用队伍、保养记录、购买使用情况等。⑤设备维修登记。包括设备名称、使用单位、维修方式、维修单位、维修时间、保修联系人及联系方式、经手人及维修记录等。⑥保养计划。包括使用单位、设备名称、型号、出厂编号、保养周期、保养开始时间等。

(8)煤矿企业管理。在系统对辖区煤矿的基本情况进行填报、记录，包括煤矿名称、所属片区、所属区县、煤矿类型，备注。

16.5　数字预案系统功能测试和桌面演练

(1)数字预案系统功能测试

针对数字预案系统软件不同功能模块，从省级、区县级、煤矿企业、救护队和系统管理的角色，逐一进行测试，对出现的问题进行改进。

（2）数字预案系统桌面演练

根据文本预案、相关标准、规范规程要求，依托数字预案系统，开展数字预案的软件现场测试，省级区域数字化预案系统市、区、企业和救护队多级联合桌面演练。

① 2019 年 7 月 10—12 日，演练地点：国家区域矿山应急救援天府队的应急指挥大厅。

模拟场景：2009 年 5 月 30 日 10 时 49 分，重庆市能源投资集团公司松藻煤电公司同华煤矿（以下简称同华煤矿）三区＋100 m 水平安稳皮带斜井揭煤工作面发生一起特别重大煤与瓦斯突出事故。该事故突出煤量 3000 t，瓦斯量 28.2 万 m³；造成 30 人死亡、79 人受伤（其中 12 人重伤）、直接经济损失 1219 万元。

② 2019 年 8 月 8—9 日，演练地点：重庆能投渝新能源公司永荣管理中心矿山救护大队。

模拟场景：2016 年 10 月 31 日，重庆市永川区金山沟煤业有限责任公司金山沟煤矿在违规开采区域使用一台局部通风机违规同时向多个作业地点供风，风量不足造成瓦斯积聚，遇违章"裸眼"爆破产生的火焰引发爆炸，造成 33 人死亡、1 人受伤、直接经济损失 3682 万元。

③ 针对上述场景，演练过程如下：

a. 煤矿企业通过数字预案系统将本次事故上报区县级、省级煤监（管）部门，同时通知救护队第一时间赶赴现场救援；

b. 属地煤矿管理部门和煤矿企业成立指挥部，通过数字预案系统指挥救护人员现场救援、调动应急资源、发布事故最新信息；

c. 区县级、省级煤监部门按照文本预案规定的操作流程，在数字预案系统里快速完成事故申报、审批，综合调度救援人员、物资、装备，相关省级指战员和省内专家库专家赶赴现场，并通过数字预案系统指挥协调和关注现场信息发布；

d. 随着响应的扩大，省级外专家通过数字预案系统远程指导救援。

16.6 本章小结

本章从智慧应急管理平台的视角，针对应急预案数字化问题，首先介绍了一种智慧安全信息平台架构及其功能，包括应急管理部分、预案在线编制、预案评审管理、预案演练管理、预案统计管理的功能模块的描述。其次，介绍了企业应急管理管理平台的基础功能模块，包括企业安全生产档案、许可证备案管理等。之后，介绍了一种区域数字预案联动评估信息系统，包括系统管理、日常值班（区域应急救援中心）、突发事件、预案管理、表单填报、救援管理、救援队伍（辖区救护队）、救援设备、应急演练、数据大厅、企业管理（辖区煤矿）。最后，以 2009 年同华煤矿"5·30 煤矿瓦斯突出事故"和 2016 年金山沟煤矿"10·31 瓦斯爆炸事故"为演练场景，开展省级区域数字化预案系统市煤监局、区县煤监（管）部门、煤矿企业和区域救护队多级联动，联合开展矿山事故应急救援桌面演练，验证了数字预案系统系统可靠性，并进行改进。本章提供了一个企业级数字预案系统、省级区域多级预案联动信息系统平台典型案例，可以进一步推动"一案三制"的应急管理框架体系的数字化、信息化水平。

参考文献

[1] 陆金华. 城市突发事件现场应急指挥通用模式研究[D]. 北京：首都经贸大学，2009：10-16.

[2] 张超，裴玉起，邱华. 国内外数字化应急预案技术发展现状与趋势[J]. 中国安全生产科学技术，2016，6

(5):154-158.

[3] 梁大勇,李峰,张超.中国石油数字化应急预案系统总体设计[J].油气田环境保护,2013,23(6):82-84.

[4] 姚磊.铁路应急预案的数字化技术[D].北京:清华大学,2012.

[5] 洪毅.构建全方位立体化的公共安全网[J].中国应急管理,2016(1):59-60.

[6] 闪淳昌.应急管理:中国特色的运行模式与实践[M].北京:北京师范大学出版社,2011.

[7] 闪淳昌,薛澜.应急管理概论——理论与实践[M].北京:高等教育出版社,2012.

[8] 张磊,张来斌,梁伟,等.数字化技术在企业应急管理中的应用[J].油气田环境保护,2015(4):69-72.

[9] 袁宏永,苏国锋,等.应急文本预案、数字预案与智能方案[J].中国应急管理,2007(4):20-23.

[10] 丛沛桐,马克俊,李艳,等.基于 Mikebasin 平台的抗旱预案编制技术[J].广东水利水电,2006(12):30-33.

[11] 陈小龙.基于 WebService 与 WebGIS 的数字防汛预案应用管理平台的研究与实现[J].陕西水利,2012(6):29-30.

[12] 雷兰兰.火灾科学在数字化灭火救援预案中的应用[J].中国公共安全·学术版,2015(1):63-69.

[13] 付朝阳,金勤献.环境应急管理信息系统的总体框架与构成研究[J].中国环境监测,2007,23(10):82-86.

[14] 孙颖,黄全义.基于 ArcGIS 的消防灭火数字预案系统中应急工具箱的制作[J].测绘信息与工程,2007,32(1):21-23.

[15] 肖琨,罗年学,郭丽.基于 GIS 的奥运场馆消防灭火数字预案系统[J].测绘信息与工程,2007,32(5):19-21.

[16] 刘林.实战性石油石化消防应急预案信息系统研究[J].中国信息界,2012(9):51-53.

[17] 郝吉明.典型工业集群区环境污染事故防范与应急系统的总体架构研究[J].中国应急管理,2010(11):32-38.

[18] 雷长群.推动应急预案编制从"有"到"优"——对开展安全生产风险辨识标准化数字化体系建设试点的思考[C]//2016 年全国安全生产应急管理理论创新论文集.北京:国家安全生产应急救援指挥中心,2016:421-424.

[19] 深圳市科皓信息技术有限公司.广州开发区安全生产监督综合管理系统[EB/OL].[2019-6-23].https://www.kehaoinfo.com/.

[20] 郑万波,袁湘涛,吴燕清,等.省级区域煤矿生产安全事故多层次多方位数字预案体系构建与评估[J].职业卫生与应急救援,2018,36(2):155-160.

[21] 黄强,许金.互联网+煤矿安全监管监察模式及关键技术[C]// 煤矿自动化与信息化——第 28 届全国煤矿自动化与信息化学术会议暨第 9 届中国煤矿信息化与自动化高层论坛论文集.2019.